航线运输飞行员理论培训教材

飞行计划

总 主 编：沈泽江　孙　慧

本册主编：肖艳平

U0390984

大连海事大学出版社

DALIAN MARITIME UNIVERSITY PRESS

图书在版编目(CIP)数据

飞行计划 / 肖艳平主编. — 大连 : 大连海事大学
出版社, 2017.11
 航线运输飞行员理论培训教材 / 沈泽江, 孙慧总主
编
 ISBN 978-7-5632-3525-4

 Ⅰ. ①飞… Ⅱ. ①肖… Ⅲ. ①飞行计划—技术培训—
教材 Ⅳ. ①V323.1

 中国版本图书馆CIP数据核字(2017)第200545号

大连海事大学出版社出版

地址:大连市凌海路1号 邮编:116026 电话:0411-84728394 传真:0411-84727996
http://www.dmupress.com E-mail:cbs@dmupress.com
大连海大印刷有限公司印装 大连海事大学出版社发行

2017年11月第1版	2017年11月第1次印刷
幅面尺寸:210 mm × 285 mm 印张:14	字数:386千

出 版 人:徐华东

策 划:徐华东 孟 冀 王尚楠	执行编辑:董洪英 张 华 王 琴
责任编辑:李继凯	责任校对:董洪英
封面设计:解瑶瑶	版式设计:孟 冀 解瑶瑶

ISBN 978-7-5632-3525-4 定价:95.00元

航线运输飞行员理论培训教材

编审委员会

- **主　　任**　沈泽江
- **副 主 任**　万向东　胡振江　孙　慧
- **主任委员**　蒋怀宇　关立欣　盛　彪
　　　　　　　魏雄志　韩光祖　张　磊

《飞行计划》

翻译　肖艳平　杨军利
编写　肖艳平
审校　孙　慧　韩光祖　赵殿庆　张　磊

序

　　中国民航飞行员协会与美国杰普逊公司北京代表处以及大连海事大学出版社合作，编译出版了中国航线运输飞行员理论培训教材，共15本。本系列教材包括飞行原理、航空气象、人的因素、运行程序等与航线飞行有关的各个方面，并配有大量清晰的多为彩色的插图和表格。这是一套针对航线飞行员编写的十分有益的理论学习教材。中国民航飞行员协会盛彪副理事长邀我作序，我欣然接受。

　　作为一名已经退休的老飞行员，看到中国民航的机队快速发展，一批又一批新飞行员健康、快速地成长，我发自内心地感到十分欣慰。

　　回顾自己的飞行经历以及近几年国际运输航空几次大的空难事故，我深感理论学习在航线飞行员成长过程中的必要性与重要性。这套教材的面世，可谓是恰逢其时。

　　我们这一代飞行员，在机型理论学习上的经历可谓"冰火两重天"。20世纪60年代开始学习飞行时，正值"文化大革命"，"火烧蓝皮书"风行一时，我甚至是一天理论都没有学就上飞机开始训练了。"文革"后期已经当了几年飞行教员的我，仅去广汉校部补了三个月的理论课。20世纪70年代末，改装"伊尔14"时我是在广汉校部学的理论，历时三个月。20世纪80年代初改装"三叉戟"时我去北京管理教导队学习理论，又是历时三个多月，经历了五次考试，几乎能够背下来飞机所有的油路、电路等。1985年去波音公司改装波音737，第一次接触幻灯片教学，很新鲜，理论学习的时间也不长，约三周时间，也不考试，就是做了一些选择题而已，当时感觉西方的改装机型理论学习比较实用。后来又有了"柏拉图"（应该是CBT教学的前身），1996年改装波音777时已全部是CBT教学。现在已发展到在网上CBT，自学70余个课时即可。现在回过头来看，两种不同的理论学习方法、考试方法虽然是各有千秋，但西方的理论学习是建立在学员之前有较深厚的基础知识功底，之后又能认真阅读相关手册、资料之上的。而我们在这之前、之后两个阶段都有不小差距，我们的教育方式基础是学生听老师讲，学生记笔记，不太善于自学。不少飞行员在改装结束之后，尤其是当了机长，仅有的理论书、手册也都"刀枪入库，马放南山"了。选择题形式的考试，使学员的理论知识连不成系统，有点支离破碎。我们这方面的教材也很缺乏，尤其是针对大型喷气运输飞机的。飞行干部、飞行员都飞得十分繁忙，无暇参加理论知识的学习。各类手册不少，真正反复阅读并真正读懂的飞行员并不多。法航447航班的事故调查报告中有这样一段话："仅凭失速警告和抖动想让飞行员意识到失速是很难的，这就要求飞行员之前有足够的失速经验，仅对情景、飞机知识（飞机的各种保护模式）以及飞行特性有最基本的认识是远远不够的。但航空公司飞行员当前培训情况的检查结果表明，飞行员并没有掌握保持这种技能。"波音的飞行机组训练手册中指出："基础的空气动力知识是最重要的，以及对飞机各系统的综合认识下的飞机操纵特点，是处理飞机特殊情况的关键。"

1989年7月19日，阿尔·海恩机长处理DC-10飞机故障的成功案例，以及近年发生的OZ214、QZ8501、EK521事故，从正反两方面证明了理论知识学习的重要性。希望飞行员们认真查看上面的事故和事故调查报告。

希望这套书的面世，能为飞行员们提供自学的途径。飞行是飞行员一生的职业，保证航空安全不仅是为自己和家人负责，更是为机上那么多乘客负责。保证航空安全是我们的最高职责。

我翻译的萨利机长的《将飞机迫降在哈德逊河上》一书中的第19章，有这样一段话，我想把它作为序的结尾：

"在过去的42年中，我飞过成千上万个航班，但我在其中一次的表现却决定了人们如何对我整个飞行生涯做出评价。这一点告诉我：我们必须尽力每时、每次、每件事都要做对，还要努力做到最好，因为我们不知道生命中的哪一个瞬间会决定对我们一生的评价。机遇总是留给那些有准备的人。"

杨元元
2017年6月

航空气象

- 大气环境
- 风
- 热力学
- 云和雾
- 降水
- 气团与锋面
- 气压系统
- 气候学
- 危险天气下的飞行
- 气象信息

通用导航

- 导航基础
- 磁场
- 罗盘
- 航图
- 推测导航
- 空中导航
- 惯性导航系统（INS）

无线电导航

- 无线电设备
- 区域导航系统
- 无线电传播基础理论
- 雷达的基本原理
- 自主导航系统和外部导航系统

飞机结构与系统

- 机身
- 窗户
- 机翼
- 安定面
- 起落架系统
- 飞行操纵系统
- 液压系统
- 气源系统
- 空调系统
- 增压系统
- 除冰/防冰系统
- 燃油系统

动力装置

- 活塞发动机
- 喷气发动机
- 螺旋桨
- 辅助动力装置（APU）

航空电气

- 直流电
- 交流电
- 蓄电池
- 磁学
- 交流/直流发电机
- 半导体
- 电路

航空仪表

· 飞行仪表
· 自动飞行控制系统
· 警告与记录设备
· 动力装置和系统监控设备

7

飞行原理

· 定理与定义
· 机翼气流
· 飞机气流
· 升力
· 阻力
· 地面效应
· 失速
· 增升装置

· 大气边界层
· 高速飞行
· 稳定性
· 飞行控制
· 不利气象飞行条件
· 螺旋桨
· 运行限制
· 飞行力学

8

飞机性能

· 单发飞机——非JAR/FAR 25认证（B类性能）
· 多发飞机——非JAR/FAR 25认证（B类性能）
· JAR/FAR 25认证飞机（A类性能）

9

飞机重量与平衡

· 重量平衡基本原理
· 重量术语
· 配载包线
· 地板承重
· 舱单使用

· 重量平衡的影响
· 重量限制
· 重心定位
· 舱单识读

10

飞行计划

· 国际飞行计划
· ICAO ATC飞行计划
· IFR（航线）飞行计划
· 杰普逊航路手册

· 气象信息
· 等时点
· 返航点

11

航空法规

12

- 国际民航公约和组织
- 飞行人员执照
- 航空器登记和标志
- 航空器适航性
- 搜寻和救援
- 航空安全保卫
- 航空器事故调查
- 简化手续

- 空中规则
- 空中交通服务
- 仪表飞行程序
- 航空情报服务
- 监视服务
- 空中交通服务空域
- 现场及目视助航设施
- 高度表拨正程序

人的因素

13

- 人的因素
- 航空生理和健康维护
- 航空心理学
- 机组资源管理

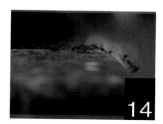

运行程序

14

- 航空承运人和运行合格审定
- 机组管理
- 机场运行最低标准和低能见运行
- 跨洋和极地运行

- 飞机的要求和飞行运作
- 签派和飞行放行
- 危险天气和特殊运行的操作程序

通信

15

- 定义
- 一般操作程序
- 有关气象信息
- 通信失效
- 甚高频（VHF）通信

- 遇险与紧急程序
- 机场管制
- 进近管制
- 区域管制
- 通信频率分配

目录

第一章

飞行计划介绍

简介 ··· 1
飞行计划文件 ··· 1
空中海里距离 ··· 1
给定真速的 NAM/NGM 公式 ···························· 2
未给定真速的 NAM/NGM 公式 ························· 3
NAM/NGM 练习题 ···································· 3
NAM/NGM 练习题答案 ······························· 4
参考资料 ··· 4
CAP 697 简介 ·· 5
定义 ··· 5
计算最大起飞质量 ···································· 7
计算最大业载 ··· 8
计算起飞燃油 ··· 10
单位换算 ··· 11

第二章

燃油政策

燃油计划 ··· 13
燃油定义和燃油政策 (JAR OPS 1.255、AMC OPS 1.255 和 IEM 1.255) ·········· 13
燃油总结 ··· 14
CCAR 燃油政策 ······································· 17
飞行中燃油检查 ······································· 18
空中再次计划 ··· 22
飞行过程燃油图表 ···································· 23
练习题 ··· 24
轻型飞机燃油仪表误差 ································ 25

第三章
CAP 697——单发活塞式飞机(SEP 1)

简介 ……………………………………………………………………………… 27
飞机描述和数据(CAP 697第2节第1页) …………………………………… 27
爬升时间、燃油和距离(CAP 697第2节第3页) …………………………… 28
推荐和经济巡航功率设置(CAP 697第2节第4至7页) …………………… 32
航程图(CAP 697第2节第8页) ……………………………………………… 38
航时图(CAP 697第2节第9页) ……………………………………………… 40
SEP例题答案 …………………………………………………………………… 41

第四章
CAP 697——多发活塞式飞机(MEP 1)

简介 ……………………………………………………………………………… 43
飞机数据(CAP 697第3节第1页) …………………………………………… 43
航路爬升时间、燃油和距离(CAP 697第3节第3页) ……………………… 44
标准温度航程(CAP 697第3节第4页) ……………………………………… 47
功率设置和燃油流量(CAP 697第3节第5页) ……………………………… 48
速度(CAP 697第3节第6页) ………………………………………………… 49
航时(CAP 697第3节第7页) ………………………………………………… 51
下降燃油、时间和距离(CAP 697第3节第8页) …………………………… 53
MEP例题答案 …………………………………………………………………… 55

第五章
CAP 697——中程喷气式运输机(MRJT)

简介 ……………………………………………………………………………… 57
飞机数据(CAP 697第4节第1页) …………………………………………… 57
定义 ……………………………………………………………………………… 57
常量(CAP 697第4节第1页) ………………………………………………… 58
最佳高度(CAP 697第4节第1和2页) ……………………………………… 58
最佳高度的计算(CAP 697第4节第1和2页) ……………………………… 59
燃油损失(CAP 697第4节第1页) …………………………………………… 60
偏离最佳高度 …………………………………………………………………… 60
短距离巡航高度(CAP 697第4节第2页) …………………………………… 61
简化燃油计划(CAP 697第4节第3至16页) ……………………………… 61
附加修正(CAP 697第4节第3和4页) ……………………………………… 62

简化飞行计划——长航程巡航(CAP 697 第4节第5至7页) ⋯⋯⋯⋯⋯⋯⋯⋯⋯ 63

简化的阶梯爬升燃油计划(CAP 697 第4节第15页) ⋯⋯⋯⋯⋯⋯⋯⋯⋯⋯ 67

备降计划(CAP 697 第4节第16页) ⋯⋯⋯⋯⋯⋯⋯⋯⋯⋯⋯⋯⋯⋯⋯⋯⋯ 69

等待燃油计划(CAP 697 第4节第17页) ⋯⋯⋯⋯⋯⋯⋯⋯⋯⋯⋯⋯⋯⋯⋯ 71

详细燃油计划(CAP 697 第4节第18至70页) ⋯⋯⋯⋯⋯⋯⋯⋯⋯⋯⋯⋯⋯ 74

航路爬升(CAP 697 第4节第19到22页) ⋯⋯⋯⋯⋯⋯⋯⋯⋯⋯⋯⋯⋯⋯⋯ 75

空中航程修正(CAP 697 第4节第23页) ⋯⋯⋯⋯⋯⋯⋯⋯⋯⋯⋯⋯⋯⋯⋯ 77

积分航程图(CAP 697 第4节第25至68页) ⋯⋯⋯⋯⋯⋯⋯⋯⋯⋯⋯⋯⋯⋯ 79

温度偏差 ⋯⋯⋯⋯⋯⋯⋯⋯⋯⋯⋯⋯⋯⋯⋯⋯⋯⋯⋯⋯⋯⋯⋯⋯⋯⋯⋯⋯ 81

下降(CAP 697 第4节第69和70页) ⋯⋯⋯⋯⋯⋯⋯⋯⋯⋯⋯⋯⋯⋯⋯⋯⋯ 83

MRJT 例题答案 ⋯⋯⋯⋯⋯⋯⋯⋯⋯⋯⋯⋯⋯⋯⋯⋯⋯⋯⋯⋯⋯⋯⋯⋯⋯ 85

第六章

CAP 697——中程喷气式运输机(MRJT)——其他运行

其他燃油计划(CAP 697 第4节第71至79页) ⋯⋯⋯⋯⋯⋯⋯⋯⋯⋯⋯⋯⋯ 87

起落架放下转场飞行(CAP 697 第4节第71页) ⋯⋯⋯⋯⋯⋯⋯⋯⋯⋯⋯⋯ 87

延程飞行(CAP 697 第4节第72到76页) ⋯⋯⋯⋯⋯⋯⋯⋯⋯⋯⋯⋯⋯⋯⋯ 91

临界燃油储备——一发不工作(CAP 697 第4节第73页) ⋯⋯⋯⋯⋯⋯⋯⋯ 92

临界燃油储备——全发工作(CAP 697 第4节第74页) ⋯⋯⋯⋯⋯⋯⋯⋯⋯ 94

运行区域——改航距离(一发不工作)(CAP 697 第4节第75页) ⋯⋯⋯⋯⋯ 94

飞行中改航(LRC)——一发不工作(CAP 697 第4节第76页) ⋯⋯⋯⋯⋯⋯ 96

燃油载运和燃油差价(CAP 697 第4节第77至79页) ⋯⋯⋯⋯⋯⋯⋯⋯⋯⋯ 96

其他运行答案 ⋯⋯⋯⋯⋯⋯⋯⋯⋯⋯⋯⋯⋯⋯⋯⋯⋯⋯⋯⋯⋯⋯⋯⋯⋯ 98

第七章

杰普逊航路手册介绍

简介 ⋯⋯⋯⋯⋯⋯⋯⋯⋯⋯⋯⋯⋯⋯⋯⋯⋯⋯⋯⋯⋯⋯⋯⋯⋯⋯⋯⋯⋯⋯ 99

杰普逊手册介绍 ⋯⋯⋯⋯⋯⋯⋯⋯⋯⋯⋯⋯⋯⋯⋯⋯⋯⋯⋯⋯⋯⋯⋯⋯⋯ 99

内容表 ⋯⋯⋯⋯⋯⋯⋯⋯⋯⋯⋯⋯⋯⋯⋯⋯⋯⋯⋯⋯⋯⋯⋯⋯⋯⋯⋯⋯⋯ 99

航图术语 ⋯⋯⋯⋯⋯⋯⋯⋯⋯⋯⋯⋯⋯⋯⋯⋯⋯⋯⋯⋯⋯⋯⋯⋯⋯⋯⋯⋯ 99

简缩字 ⋯⋯⋯⋯⋯⋯⋯⋯⋯⋯⋯⋯⋯⋯⋯⋯⋯⋯⋯⋯⋯⋯⋯⋯⋯⋯⋯⋯⋯ 100

航路图图例——总则 ⋯⋯⋯⋯⋯⋯⋯⋯⋯⋯⋯⋯⋯⋯⋯⋯⋯⋯⋯⋯⋯⋯⋯ 100

航图代码 ⋯⋯⋯⋯⋯⋯⋯⋯⋯⋯⋯⋯⋯⋯⋯⋯⋯⋯⋯⋯⋯⋯⋯⋯⋯⋯⋯⋯ 100

覆盖面积 ⋯⋯⋯⋯⋯⋯⋯⋯⋯⋯⋯⋯⋯⋯⋯⋯⋯⋯⋯⋯⋯⋯⋯⋯⋯⋯⋯⋯ 101

其他信息 ⋯⋯⋯⋯⋯⋯⋯⋯⋯⋯⋯⋯⋯⋯⋯⋯⋯⋯⋯⋯⋯⋯⋯⋯⋯⋯⋯⋯ 101

通信 ⋯⋯⋯⋯⋯⋯⋯⋯⋯⋯⋯⋯⋯⋯⋯⋯⋯⋯⋯⋯⋯⋯⋯⋯⋯⋯⋯⋯⋯⋯ 101

无线电应答器的设置 ⋯⋯⋯⋯⋯⋯⋯⋯⋯⋯⋯⋯⋯⋯⋯⋯⋯⋯⋯⋯⋯⋯⋯ 102

巡航高度 ·· 102

航图 ·· 103

比例尺 ·· 103

度量单位(除非有其他说明) ······································ 104

交通拥挤 ·· 104

航图符号 ·· 104

B类空域图图例 ·· 106

进离场图图例 ·· 106

进离场图和下降剖面图图例 ·· 107

进近图图例 ·· 107

ICAO推荐的机场和跑道识别标志 ·································· 109

覆盖范围文本 ·· 110

进近图新格式说明 ·· 110

第八章

杰普逊航路手册——航路

简介 ·· 111

欧洲——低空航路图 ·· 111

航路练习1 ·· 114

航路练习2 ·· 115

航路练习3 ·· 115

航路练习答案 ·· 116

第九章

杰普逊航路手册——高空

简介 ·· 118

欧洲——高空航路图 ·· 118

高空练习1 ·· 118

加拿大/阿拉斯加——高空航路图 ·································· 119

大西洋方位图 ·· 119

高空练习2 ·· 120

距离 ·· 121

高空练习3 ·· 121

北大西洋极地高空航路图 ·· 121

高空练习4 ·· 122

高空练习5 ·· 123

加拿大北部作业图(NCP) ·· 124

高空练习6 ·· 124

北大西洋作业图(MAP/NAP) ·· 124

北大西洋作业图(NAP/INSET) ·· 124

等时点 ··· 124

高空练习7 ·· 125

高空练习答案 ··· 125

第十章

杰普逊航路手册——ATC飞行计划

飞行计划的类型和分类 ·· 127

申请飞行计划 ··· 127

提交飞行计划 ··· 127

飞行计划的内容 ··· 128

飞行计划的变化 ··· 129

飞行计划的结束 ··· 129

重复飞行计划的使用 ·· 129

由仪表(IFR)飞行改为目视(VFR)飞行 ·· 130

遵守飞行计划 ··· 130

无意中做的变化 ··· 130

有意的变化 ·· 131

目视气象条件下天气恶化 ··· 131

飞行计划中的飞行日期 ··· 131

ICAO飞行计划的完成 ·· 132

航路要求——通用 ··· 139

北大西洋(NAT)飞行 ··· 140

第十一章

杰普逊航路手册——终端区

简介 ·· 151

区域图(10-1) ·· 151

标准终端进场图(STAR) ·· 152

标准仪表离场图(SID) ·· 153

进近图 ··· 153

增补页 ··· 154

机场图 ··· 155

终端区练习答案 ··· 156

第十二章
杰普逊航路手册——ED-6和VFR部分

简介 ·· 158

ED-6图的信息 ·· 158

GPS经纬度差异 ··· 158

航空信息 ·· 158

投影 ·· 159

ED-6练习题 ··· 159

ED-6答案 ··· 160

VFR部分 ·· 161

VFR部分问题 ··· 161

VFR部分答案 ··· 162

第十三章
航空气象信息

航空气象信息 ·· 163

METAR、SPECI和TREND ······························ 163

代码 ·· 163

天气代码(W'W') ·· 166

跑道状态组 ·· 167

TAF ·· 168

代码 ·· 168

AIRMET、SIGMET和特殊空中报告 ····················· 169

报告例子 ·· 173

第十四章
高空天气图

简介 ·· 176

重要天气图 ·· 176

信息框 ·· 178

对流层顶的高度 ·· 179

天气区域和活动的火山 ···································· 179

高空风温图 ·· 181

信息框 ·· 183

风和温度信息 ·· 183

平均风和温度 ··· 184

第十五章
等时点、安全返航点

简介 ··· 188
等时点 ··· 188
等时点公式 ··· 188
发动机失效时的等时点 ··· 190
PET 选择题 ·· 191
安全返航点 ··· 192
单航段安全返航点 ·· 193
燃油流量可变时的安全返航点 ·· 194
PSR 选择题 ·· 195
PET & PSR 答案 ·· 198

第十六章
IFR飞行和燃油计划练习

IFR飞行和燃油计划练习 ··· 200
IFR 领航和燃油计划 ·· 202
IFR 领航和燃油计划答案 ·· 202

后记 ··· 203

第一章
飞行计划介绍

简介

本课程的飞行计划与监控部分是除重量与平衡外最实用的部分,包括如下内容:

➤ CAP 697——JAR飞行计划手册
➤ 杰普逊学生航路手册
➤ 气象实作
➤ 等时点(Point of Equal Time)和安全返航点(Point of Safe Return)

飞行计划文件

为帮助运营人和飞行员,每个国家的航空当局都会制作一套飞行计划文件。航图生产商(如杰普逊公司)使用这些资料来制作它们的飞行指南。

对于飞行计划,需要了解的两个主要文件分别是航空资料汇编(AIP)和航行通告(NOTAMs)。

航空资料汇编分为如下几个部分:

GEN 总则——ICAO规则差异、气象服务和搜索与救援信息;

ENR 航路——限制空域和导航助航设施的全部详细资料;

AD 机场——数据、布局和进近。

AIP包含的信息相对固定,每月更新一次。

NOTAMs

NOTAMs是一个用以通知飞行员任何临时或短期变更的系统。飞行员必须查阅NOTAMs,找出可能影响飞行的那些信息,如专机飞行、导航助航设施不工作或跑道关闭等。

AIP和NOTAMs的详细内容在航空法规注释中论述。

空中海里距离

在CAP 697中,大部分图表使用的是空中海里距离(NAM),该距离是指在给定时间内飞机以真空速(TAS)飞过的距离。

当沿飞机所飞航路没有风分量时,空中海里距离与飞经的地面距离,即地面海里距离(NGM)相等。

然而,飞机极少碰到没有风影响的天气。

有逆风分量时,NAM 将大于 NGM。

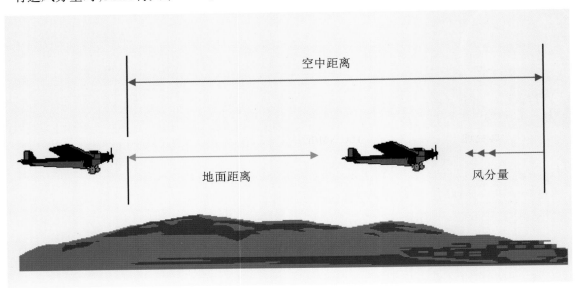

图 1-1　逆风分量对地面距离的影响

有顺风分量时,NAM 将小于 NGM。

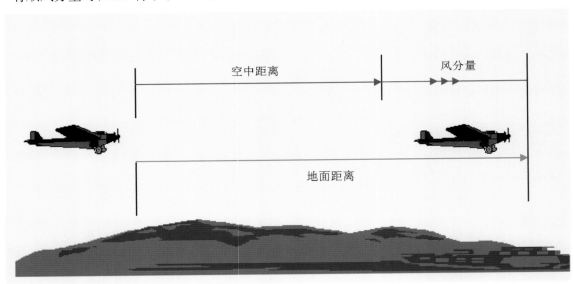

图 1-2　顺风分量对地面距离的影响

给定真空速的 NAM/NGM 公式

二者关系可使用简化公式表达:

$$NGM = NAM \times 地速/真空速$$

有时会给定风分量。已知风分量计算地速很简单:如果给定的风分量是一个正分量,就将该风分量加到真空速上;如果给定的风分量是一个负分量,就从真空速中减去该风分量的绝对值。

例1	风分量	+20
	真空速	160 NM/h
	地速	180 NM/h
例2	风分量	−20
	真空速	160 NM/h
	地速	140 NM/h

未给定真空速的NAM/NGM公式

有时需要计算在只给定指示空速(IAS)而不是真空速条件下,爬升和下降中所经过的地面海里距离(NGM)。未给定真空速时计算NGM的一个简单方法是使用公式:

$$NGM = NAM + \left(\frac{时间}{60} \times 风分量 \right)$$

在计算中进行总体误差检查总是有用的。如果在逆风(取负值)中爬升或下降,经过的地面距离将缩短;顺风的影响则相反。

例3　一架飞机在15 min内爬升到巡航高度,飞经的空中距离是25 NAM,风分量是−15 NM/h,计算飞经的NGM。

$$25 + \left[\frac{15}{60} \times (-15) \right] = 21.25 \ NGM,不过 21 \ NGM 已足够精确。$$

检查答案是否符合逻辑——符合。

NAM/NGM练习题

填写下表的空格(使用给定真空速的公式)。

问题	真空速	风分量	地速	NGM	NAM	时间
1.		−30	150	86		
2.	210	+50			200	
3.	245		270	165	150	
4.	500	+75		300	260	
5.		−20	480	100		
6.	470	−100				25
7.		+50	350		70	
8.	375	−60			206	33

问题	真空速	风分量	地速	NGM	NAM	时间
9.	200	+40		150	125	
10.		+20	420		100	15

填写下表的空格(使用未给定真空速的公式)。

问题	时间	风分量	NAM	NGM
1.	20	+20	50	
2.	30	−30	70	
3.	40	+40		120
4.	10	−35		25
5.	25	+15	100	

NAM/NGM练习题答案

问题	真空速	风分量	地速	NGM	NAM	时间
1.	180	−30	150	86	103	34.4
2.	210	+50	260	248	200	57.2
3.	245	+25	270	165	150	36.6
4.	500	+75	575	300	260	31.3
5.	500	−20	480	100	104	12.5
6.	470	−100	370	154	196	25
7.	300	+50	350	82	70	14.1
8.	375	−60	315	173	206	33
9.	200	+40	240	150	125	37.5
10.	400	+20	420	105	100	15

问题	时间	风分量	NAM	NGM
1.	20	+20	50	57
2.	30	−30	70	55
3.	40	+40	93	120
4.	10	−35	31	25
5.	25	+15	100	106

参考资料

学习本课程各章时需要 CAP 697 和《杰普逊航路手册》。不是所有的图表都会被使用,只有部分图表和手册被用来说明某些要点。

CAP 697简介

第三章到第七章讲述CAP 697——《民用航空管理局JAR FCL考试：飞行计划手册》。这些章未包含图表，所有计算都要求使用飞行计划手册进行。这些章的例子都附有图表出处。

CAP 697与考生在JAR–FCL飞行计划与监控试卷中所使用的文档完全相同。还有，CAP 697的结构与CAP 696和CAP 698相同。

该文件包括下列四节：

第Ⅰ节　概述

第Ⅱ节　单发活塞式飞机（SEP 1）
　　　　未按照JAR 25（轻型飞机）审定为性能类别B

第Ⅲ节　多发活塞式飞机（MEP 1）
　　　　未按照JAR 25（轻型飞机）审定为性能类别B

第Ⅳ节　中程喷气式运输机（MRJT）
　　　　按照JAR 25审定为性能类别A
　　　　CPL考试不会考查此种机型。

定义

下列定义中的大多数也用在ICAO和JAA的文件中。有些常用的定义，虽然没有在ICAO或JAA文件中使用，但仍然需要掌握。

定义	含义
基本空机质量（基本质量）（BEM）	飞机质量加上如下标准项目的质量： ⅰ. 不可用燃油和其他不可用液体 ⅱ. 发动机和辅助装置中的润滑油 ⅲ. 灭火器 ⅳ. 烟火信号弹 ⅴ. 应急供氧设备 ⅵ. 附加的电子设备
干使用质量（DOM）	一架用于特定类型运行的飞机除全部可用燃油和业载以外的总质量。该质量包括如下项目： ⅰ. 机组和机组行李 ⅱ. 给养和移动式旅客服务设备 ⅲ. 饮用水和卫生间化学剂 ⅳ. 食物和饮料
使用质量（OM）	DOM加上燃油，但不包括业载

定义	含义
业载	下列项目的总质量,包括所有"没有收益"的载荷: ⅰ.旅客 ⅱ.行李 ⅲ.货物
无燃油质量(ZFM)	DOM加上业载,但不包括燃油
最大无燃油质量(MZFM)	对于一架无可用燃油的飞机,允许的最大质量
滑行质量	一架飞机开始滑行(离开登机门)时的质量
结构限制的最大滑行质量(MSTM)	结构对飞机开始滑行时的质量的限制
起飞质量(TOM)	一架飞机,包括机上所有物品和乘员,开始起飞滑跑时的质量
性能限制的起飞质量(PLTOM)	起飞机场限制的起飞质量,不能超过结构限制的最大质量
限制起飞质量(RTOM)	性能限制的起飞质量和结构限制的起飞质量中的较小值
结构限制的最大起飞质量(MSTOM)	开始起飞滑跑时允许的最大飞机总质量
性能限制的着陆质量(PLLM)	目的地机场限制的着陆质量,不能超过结构限制的最大质量
结构限制的最大着陆质量(MSLM)	在正常情况下着陆时允许的最大飞机总质量
限制着陆质量(RLM)	性能限制的着陆质量和结构限制的着陆质量中的较小值
总质量	飞机在任意位置的总质量
可用载荷	业载和机载燃油之和

注:术语"重量"和"质量"被认为具有相同的含义。

练习题

1. 下列哪个选项描述的是业载?
   (a)总质量减去DOM
   (b)无燃油质量减去DOM
   (c)DOM减去BEM
   (d)有用载荷减去变动载荷

2. 哪个质量计入了不可用燃油?
   (a)燃油
   (b)业载
   (c)变动载荷
   (d)基本空机质量

3. 如果PLLM为7500 kg,MSLM为5400 kg,那么限制着陆质量是多少?
   (a)7500 kg
   (b)5400 kg
   (c)6450 kg
   (d)4500 kg

答案

1.（b）；2.（d）；3.（b）。

计算最大起飞质量

飞机能够起飞的最大质量为下列三个限制质量中最具限制性（最小）的那个质量。

1. 限制起飞质量RTOM、性能限制的起飞质量和结构限制的起飞质量中更具限制性（较小）的质量；

2. 限制着陆质量RLM、性能限制的着陆质量和结构限制的着陆质量中更具限制性（较小）的质量加上航程燃油；

3. 最大无燃油质量MZFM加上起飞燃油。

这三个质量通常水平排成三列。

例子

已知下列条件，计算最大起飞质量。

结构限制的最大起飞质量78000 kg

结构限制的最大着陆质量71500 kg

最大无燃油质量63000 kg

性能限制的最大起飞质量85000 kg

性能限制的最大着陆质量67000 kg

起飞燃油13800 kg

航程燃油5200 kg

RTOM	RLM	MZFM
	+ 航程燃油	+ 起飞燃油
78000 kg	67000 kg	63000 kg
	+ 5200 kg	+ 13800 kg
78000 kg	72200 kg	76800 kg

最大起飞质量为上述质量中的最小值，即72200 kg。

注：如果飞机以78000 kg RTOM起飞，则到达目的地机场时质量为72800 kg（消耗了5200 kg燃油），将超过67000 kg的RLM和63000 kg的MZFM。

练习题

1.　已知下列条件，计算最大起飞质量。

最大结构限制的起飞质量8000 kg

最大结构限制的着陆质量7500 kg

最大无燃油质量6000 kg

最大性能限制的起飞质量 7800 kg

最大性能限制的着陆质量 7950 kg

起飞燃油 1450 kg

航程燃油 900 kg

2. 已知下列条件,计算最大起飞质量。

最大结构限制的起飞质量 62000 kg

最大结构限制的着陆质量 53700 kg

最大无燃油质量 48000 kg

最大性能限制的起飞质量 75000 kg

最大性能限制的着陆质量 51400 kg

起飞燃油 13800 kg

航程燃油 5950 kg

3. 已知下列条件,计算最大起飞质量。

最大结构限制的起飞质量 68000 kg

最大结构限制的着陆质量 63900 kg

最大无燃油质量 56000 kg

最大性能限制的起飞质量 65400 kg

最大性能限制的着陆质量 67000 kg

起飞燃油 13300 kg

航程燃油 8200 kg

答案

1. 7450 kg(7800 kg、8400 kg 和 7450 kg 中的最小值)
2. 57350 kg(62000 kg、57350 kg 和 61800 kg 中的最小值)
3. 65400 kg(65400 kg、72100 kg 和 69300 kg 中的最小值)

计算最大业载

最大业载计算包括两个步骤:

1. 计算最大起飞质量。
2. 计算最大业载。由于最大起飞质量由干使用质量、最大业载和起飞燃油构成,所以最大业载=最大起飞质量(来自步骤1)-DOM-起飞燃油。

例子

已知下列条件,计算最大业载。

结构限制的最大起飞质量 78000 kg

结构限制的最大着陆质量 71500 kg

最大无燃油质量63000 kg

干使用质量35600 kg

性能限制的最大起飞质量85000 kg

性能限制的最大着陆质量67000 kg

起飞燃油13800 kg

航程燃油5200 kg

步骤1　确定最大起飞质量

RTOM	RLM + 航程燃油	MZFM + 起飞燃油
78000 kg	67000 kg + 5200 kg	63000 kg + 13800 kg
78000 kg	72200 kg	76800 kg

最大起飞质量为72200 kg。

步骤2　计算最大业载

最大业载=最大起飞质量(来自步骤1)-DOM-起飞燃油

=72200-35600-13800=22800 kg

练习题

1. 已知下列条件,计算最大业载。

限制的最大起飞质量8600 kg

限制的最大着陆质量7500 kg

最大无燃油质量6200 kg

干使用质量4150 kg

起飞燃油1250 kg

航程燃油900 kg

2. 已知下列条件,计算最大业载。

限制的最大起飞质量48600 kg

限制的最大着陆质量42500 kg

最大无燃油质量39200 kg

干使用质量24150 kg

起飞燃油7250 kg

航程燃油3700 kg

答案

1. 2050 kg（7450 kg–4150 kg–1250 kg）
2. 14800 kg（46200 kg–24150 kg–7250 kg）

计算起飞燃油

最大起飞燃油计算包括两个步骤：

1. 计算最大起飞质量。
2. 计算最大起飞燃油。由于最大起飞质量由干使用质量、业载和最大起飞燃油构成，所以最大起飞燃油=最大起飞质量（来自步骤1）–DOM–业载。

例子

已知下列条件，计算最大起飞燃油。

结构限制的最大起飞质量78000 kg

结构限制的最大着陆质量71500 kg

最大无燃油质量63000 kg

干使用质量35600 kg

性能限制的最大起飞质量85000 kg

性能限制的最大着陆质量67000 kg

初始起飞燃油8800 kg

航程燃油5200 kg

业载15500 kg

步骤1　确定最大起飞质量（由于最大起飞燃油未知，故去掉MZFM列）

RTOM	RLM + 航程燃油
78000　kg	67000 kg + 5200 kg
78000　kg	72200 kg

最大起飞质量为72200 kg。

步骤2　计算最大起飞燃油
　　　　最大起飞燃油=最大起飞质量（来自步骤1）–DOM–业载
　　　　　　=72200 kg–35600 kg–15500 kg=21100 kg

练习题

1. 已知下列条件,计算最大起飞燃油。

结构限制的最大起飞质量62000 kg

结构限制的最大着陆质量53700 kg

最大无燃油质量48000 kg

干使用质量21650 kg

性能限制的最大起飞质量75000 kg

性能限制的最大着陆质量51400 kg

初始起飞燃油8800 kg

航程燃油5950 kg

业载16800 kg

2. 已知下列条件,计算最大起飞燃油。

限制的最大起飞质量48600 kg

限制的最大着陆质量42500 kg

最大无燃油质量39200 kg

干使用质量24150 kg

初始起飞燃油5250 kg

航程燃油3700 kg

业载12500 kg

答案

1. 18900 kg(57350 kg−21650 kg−16800 kg)
2. 9550 kg(46200 kg−24150 kg−12500 kg)

单位换算

换算公式来自ICAO附件,也可在CAP 697的第1节第4页上找到。

质量换算

磅(lb)换算成千克(kg)	磅 × 0.45359237
千克(kg)换算成磅(lb)	千克 × 2.20462262

体积(液体)

英加仑(Imp Gal)换算成升(L)	英加仑 × 4.546092
美加仑(US Gal)换算成升(L)	美加仑 × 3.785412

长度

英尺(ft)换算成米(m)	英尺 × 0.3048

距离

海里(NM)换算成米(m)海里 × 1852

练习题

1. 65美加仑是多少升?
    (a) 295.5 L
    (b) 17.17 L
    (c) 246.1 L
    (d) 14.30 L

2. 4.8海里是多少米?
    (a) 8890 m
    (b) 385.8 m
    (c) 6076 m
    (d) 15.75 m

答案

1.(c);2.(a)。

第二章
燃油政策

燃油计划

为了保证每个公共运输航班能够带有足够多的燃油,以满足飞行任务和改航的要求,航空运营人需要建立一套燃油政策。为此,我们必须理解法定的起飞和航路的最低油量要求,并且在给定条件和飞行阶段能够提取分析燃油流量和燃油消耗数据。

本章包括燃油的定义和燃油政策的法定要求。接下来三章解释如何从运营人手册中提取燃油数据。在 UK JAA 考试中使用的数据表列在 CAP 697 中,这些数据是基于指定的通用的单发、多发活塞发动机飞机和一架指定的多发喷气式运输机。

燃油定义和燃油政策
(JAR OPS 1.255、AMC OPS 1.255 和 IEM 1.255)

滑行燃油(Taxi Fuel)

考虑到滑行距离和预期的交通延误,滑行燃油不能少于在起飞机场发动机启动和滑行到起飞位置所需的燃油。

航程燃油(Trip Fuel)

航程燃油不能少于飞机完成起飞、爬升、巡航、下降、进近和着陆所需的燃油。所有飞行阶段都应该按照计划航路计算。

应急燃油(Contingency Fuel)

紧急情况是可能发生的或不可预见的事件。应急燃油用于下列偏差的补偿:

➢ 个别飞机的预期燃油消耗
➢ 预报的气象条件
➢ 计划航路和预期的高度

应急燃油应该为下列(a)和(b)中的较大值。

(a)航程燃油的5%,或飞行中重新计划(注:二次放行)时,剩余航程燃油的5%;或不少于航程燃油的3%,或飞行中重新计划时,航路备降机场可用,剩余航程燃油的3%。航路备降机场必须位于一个圆内,圆心位于距目的地机场为航程总距离的25%(或航程总距离的20%再加50 NM,取较高值)的位置,半径为航程总距离的20%;或

若运营人为每架飞机建立了燃油消耗监视程序,并使用该程序计算出有效的燃油数据时,飞行20 min所需的燃油;或

当运营人建立一套经局方批准的用于监控每架飞机或每条航路的燃油消耗,并使用该数据进行统计分析的程序时,在目的地机场上空1500 ft以等待速度在标准条件下飞行15 min所需的燃油。

(b)在目的地机场上空1500 ft以等待速度在标准条件下飞行5 min所需的燃油。

备降燃油(Alternate Fuel)

如果需要选择备降机场,那么备降燃油应该满足:

(a)从目的地机场的最低下降高/决断高进行一次复飞,按照完整的进近复飞程序,飞到进近复飞高度;

(b)从进近复飞高度爬升到巡航高度;

(c)从爬升顶点巡航到下降顶点;

(d)从下降顶点下降到初始进近点,需考虑预期的到达程序;

(e)进近并在备降机场着陆。

如果需要选择两个备降机场,备降燃油应该按飞到两个备降机场中所需燃油较多的那个计算。

最终储备燃油(Final Reserve Fuel)

最终储备燃油需要满足:

(a)往复式活塞发动机飞机飞行45 min;或

(b)喷气式发动机飞机在备降机场(或不需要备降机场时,在目的地机场)上空1500 ft以等待速度飞行30 min。

额外燃油(Additional Fuel)

除了以上燃油外,特殊运行所需的燃油(如ETOPS和全天候运行)。

补充燃油(Extra Fuel)

机长认为需要增加的燃油。

燃油总结

在图2-1和图2-2中,蓝色标记的燃油是要消耗掉的,红色标记的是备份燃油。任何机长决定增加的补充燃油用黑色字体表示。

燃油消耗的标注

下图给出了在飞行剖面上燃油政策中要求的各部分最低燃油的位置。从发动机启动到飞机在目

的地机场着陆,滑行燃油和航程燃油是要消耗掉的,用蓝色线表示。备份燃油(用红线或虚线表示)在发动机启动时也必须加装在飞机上。备份燃油包括:

➤ 应急燃油,即航程燃油的5%。用蓝线上的红色虚线表示。

➤ 备降燃油(当需要选择备降机场时),即从目的地机场到备降机场所需的燃油。这部分燃油用红色线表示。

➤ 最终储备燃油,即喷气式发动机飞机在备降机场/目的地机场上空1500 ft等待30 min所需的燃油或往复式活塞发动机飞机飞行45 min所需的燃油。在备降机场上面用等待模式的红色椭圆线表示。

➤ 额外燃油,如需要(图中没有注明)。

➤ 补充燃油(图中没有注明)。

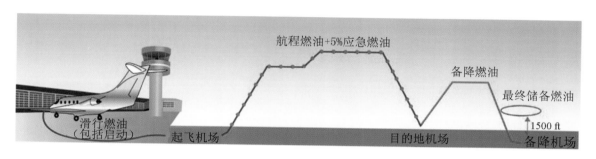

图2-1 和燃油政策相关的燃油的使用剖面

飞机上燃油的组成

图2-2中的第2列给出了轮挡燃油或停机坪燃油的组成。在飞行中预计要被消耗的燃油包括启动、滑行和航程燃油,用蓝色表示。燃油政策要求在发动机启动前备份燃油也要加装上,对于公共运输飞机,包括应急燃油和最终储备燃油。备降燃油(如果需要备降机场)和补充燃油也需要加上。补充燃油用黑色表示在最下面一行,是否需要加装取决于机长。

需要加装的最低计划燃油(不包括补充燃油)在最左一列用绿色表示。

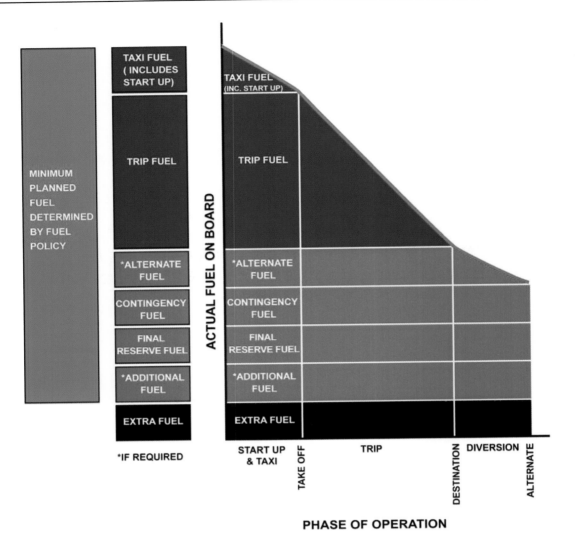

图2-2 飞行中各阶段的燃油和停机坪燃油的组成

图2-2中的右边显示了在飞行中的每个阶段哪些燃油被消耗了,任意时刻飞机上的剩余燃油由哪些部分构成。在飞行中,滑行燃油在发动机启动和滑行阶段被消耗完,从起飞到飞机在目的地机场落地消耗了航程燃油,从目的地机场到备降机场消耗的是备降燃油。

注意:

1) 当飞机到达目的地机场时(需要选择备降机场),飞机上的剩余燃油包括备降燃油、应急燃油、最终储备燃油、额外燃油*和补充燃油*(如果需要)。

2) 在备降机场,飞机上的剩余燃油应该包括应急燃油、最终储备燃油、额外燃油*和补充燃油*(如果需要)。

带有"*"的燃油可能不需要携带。

****

CCAR燃油政策

CCAR-121-R5的要求

第121.657条燃油量要求

(a)飞机必须携带足够的可用燃油以安全地完成计划的飞行,并从计划的飞行中备降。

(b)飞行前对所需可用燃油的计算必须包括:

(1)滑行燃油:起飞前预计消耗的燃油量。

(2)航程燃油:考虑到121.663条的运行条件,允许飞机从起飞机场或从重新签派或放行点飞到目的地机场着陆所需的燃油量。

(3)不可预期燃油:为补偿不可预见因素所需的燃油量。根据航程燃油方案使用的燃油消耗率计算,它占计划航程燃油10%的所需燃油,但在任何情况下不得低于以等待速度在目的地机场上空450 m(1500 ft)高度上在标准条件下飞行15 min所需的燃油量。

(4)备降燃油:飞机有所需的燃油以便能够:

(i) 在目的地机场复飞;

(ii) 爬升到预定的巡航高度;

(iii) 沿预定航路飞行;

(iv) 下降到开始预期进近的一个点;

(v) 在放行单列出的目的地的最远备降机场进近并着陆。

(5)最后储备燃油:使用到达目的地备降机场,或者不需要目的地备降机场时,到达目的地机场的预计质量计算得出的燃油量,对于涡轮发动机飞机,以等待速度在机场上空450 m(1500 ft)高度上在标准条件下飞行30 min所需的油量。

(6)酌情携带的燃油:合格证持有人决定携带的附加燃油。

(c)合格证持有人应按照四舍五入的方式为其机队每种型别飞机和衍生型确定一个最后储备燃油值。

(d)除非机上可使用的燃油按照要求符合本条(b)款的要求,否则不得开始飞行;除非机上可使用的燃油按照要求符合本条(b)款除滑行燃油以外的要求,否则不得从飞行中重新签派点继续。

第121.659条特定情况燃油要求

(a)特定情况下目的地备降机场燃油的计算:

(1)当不需要有目的地备降机场时,所需油量能够使飞机在目的地机场上空450 m(1500 ft)高度上在标准条件下飞行15 min。

(2)预定着陆机场是一个孤立机场(无可用备降机场的特定目的地机场):

(i)能够以正常燃油消耗率在目的地机场上空飞行2 h的所需油量,包括最后储备燃油。

(ii)当按照本规则第641条 (a)款第(2)项或第642条(b)款放行飞机前往孤立机场(无可用备降机场的特定目的地机场)时,需满足以下条件:

1)在飞机与签派室之间建立了独立可靠的通信系统进行全程监控;

2)必须为每次飞行至少确定一个航路备降机场和与之对应的航线临界点;

3)除非气象条件、交通和其他运行条件表明在预计使用时间内可以安全着陆,否则飞往无可用备降机场的特定目的地机场的飞行不得继续飞过航线临界点。

(b)活塞式发动机飞机最后储备燃油的计算:

对于活塞式发动机飞机,按照合格证持有人按照局方规定的速度和高度条件飞行45 min所需的油量。

(c)对于非涡轮发动机飞机和涡轮螺旋桨发动机飞机的国际定期载客运行或者包括有至少一个国外机场的补充运行,不可预期燃油不得低于以正常巡航消耗率飞往本款第(2)、(4)项规定的机场所需总时间的15%所需的油量,或者以正常巡航消耗率飞行60 min所需的油量,两者当中取其中较短的飞行时间。

(d)如果根据本规则121.657条计算的最低燃油不足以完成下列飞行,则应要求额外燃油:

(1)假定在航路最困难临界点发动机发生失效或丧失增压需要更多燃油的情况下,允许飞机在必要时下降并飞行到某一备降机场;

(i)以等待速度在该机场上空450 m(1500 ft)高度上在标准条件下飞行15 min;

(ii)在该机场进近并着陆;

(2)延程运行的飞机应当遵守经批准的延程运行临界燃油方案;

(3)满足上述未包含的其他规定。

第121.663条计算所需燃油应当考虑的因素

(a)携带的可用燃油量必须至少基于下列数据:

(1)如果有的话,从燃油消耗监测系统获得的特定飞机的目前数据;

(2)如果没有特定飞机的目前数据,则采用飞机制造商提供的数据。

(b)计算燃油量须考虑计划飞行的运行条件,包括:

(1)风和其他天气条件预报;

(2)飞机的预计重量;

(3)航行通告;

(4)气象实况报告或气象实况报告、预报两者的组合;

(5)空中交通服务程序、限制及预期的延误;和

(6)延迟维修项目和/或构型偏离的影响;

(7)空中释压和航路上一台发动机失效的情况;

(8)可能延误飞机着陆的任何其他条件。

(c)尽管有本规则第657条和第659条的规定,若安全风险评估结果表明合格证持有人能够保持同等的安全水平,局方仍可以颁发运行规范批准合格证持有人使用不同的燃油政策。

(d)本条中的所需燃油是指不可用燃油之外的燃油。

****

飞行中燃油检查

为确保飞行中燃油的消耗与飞行计划偏差不会太大,在飞行中必须对燃油消耗进行监控。这可以通过使用飞行中燃油图表完成,更多的是使用计算机飞行计划单,此处称为列表形式的"How

Goes It"。

列表形式的"How Goes It"

图2-3给出了一个燃油计划,是计算机飞行计划的第一部分。此航班是从Birmingham到Dusseldorf,预计起飞重量为18291 kg。

此燃油计划显示总航程燃油为1130 kg,5%的应急燃油为100 kg(向上取整的结果),备降燃油是400 kg,最终储备燃油是400 kg。这样最低起飞燃油为2030 kg,计划续航时间为1 h 42 min。下一行允许机长根据自己的要求添加补充燃油和100 kg的滑行燃油。

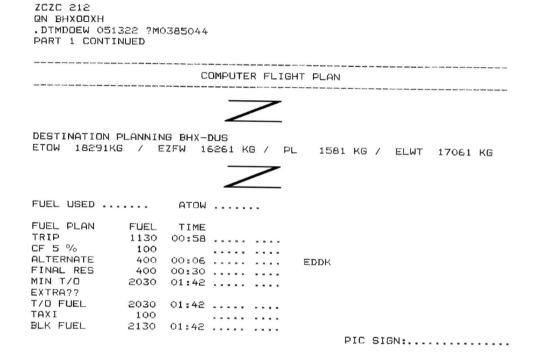

```
ZCZC 212
QN BHXOOXH
.DTMDOEW 051322 ?M0385044
PART 1 CONTINUED

------------------------------------------------------------
                    COMPUTER FLIGHT PLAN
------------------------------------------------------------



DESTINATION PLANNING BHX-DUS
ETOW  18291KG  /  EZFW  16261 KG  /  PL   1581 KG  /  ELWT  17061 KG



FUEL USED .......     ATOW .......

FUEL PLAN     FUEL    TIME
TRIP          1130    00:58 ..... ....
CF 5 %         100          ..... ....
ALTERNATE      400    00:06 ..... ....    EDDK
FINAL RES      400    00:30 ..... ....
MIN T/O       2030    01:42 ..... ....
EXTRA??
T/O FUEL      2030    01:42 ..... ....
TAXI           100          ..... ....
BLK FUEL      2130    01:42 ..... ....
                                          PIC SIGN:..............
```

图2-3　计算机飞行计划单中的燃油计划

图2-4是计算机飞行计划单中图2-3下面的部分,也就是"How Goes It"。用"Z"取代了部分内容。

??

```
DESTINATION PLANNING BHX-DUS

EGBB ELEV    327FT
AWY   FIX    FREQ   FL   TAS    GS    TRKM  ZDIST  ZTIME  ETA/RETA/ATA  RFOB
             MSA    CL   WIND   T     TRKT  DRMNG  CTIME                AFOB
DTY4D D329C          1   254    228   329   3      001                  1913
             26    ...   31027        -325- 392    00/01  .../.../...    ....
DTY4D D319Z          7   278    308   139   9      002                  1816
             26    ...   30031        -136- 383    00/03  .../.../...    ....
DTY4D D319I         14   358    396   139   17     002                  1720
             26    ...   30039        -136- 366    00/05  .../.../...    ....



UP155 TOC           33   426    469   093   29     003                  1317
             26    ...   30049        -091- 291    00/16  .../.../...    ....
UP155 UMBAG         33   426    469   093   8      001                  1300
             26    ...   30049   54   -091- 283    00/17  .../.../...    ....
UP137 SONDO         35   423    470   115   41     005                  1207
             23    ...   30048   58   -112- 242    00/22  .../.../...    ....



UB1   TOD           35   423    457   112   3      000                  898
             23    ...   32038   58   -111- 99     00/41  .../.../...    ....
UB1   ARNEM         29   387    417   112   19     003                  880
             23    ...   31033   46   -111- 80     00/44  .../.../...    ....
UB1   DIDAM         26   368    396   112   10     002                  871
             21    ...   31031   39   -112- 70     00/46  .../.../...    ....
UB1   ARKON         21   344    369   112   14     002                  860
             24    ...   32028   29   -112- 56     00/48  .../.../...    ....
ARKO5 BOT    406.5  13   301    325   149   25     004                  835
             37    ...   32024   11   -149- 31     00/52  .../.../...    ....
ARKO5 EDDL          0   ...    ...    209   31     006                  800
ELEV       147FT                            0      00/58  .../.../...    ....
```

图 2-4 计算机飞行计划和"How Goes It"

该飞行计划共有13列,最后一列是需要重点关注的一列。在第13列的最上面标有字母"RFOB"和"AFOB",分别指飞机上的最低需要燃油和实际剩余燃油。因此,上面一行是在各点飞机上的最低需要燃油,下面的虚线是在各点实际的剩余燃油,需要机组填写。

如果实际剩油等于或大于最低需要的燃油,说明没有燃油问题,因为燃油消耗等于或小于预计的燃油消耗。

在现代商业运输飞行中,大部分时间都应该使用计算机飞行计划,因为这样可以节省重要的计划时间,但也需要认识到它的限制。

优点

➤ 给出了航班计划和性能数据以及计划的数据库
➤ 给出了公司自己的燃油政策
➤ 给出了航空当局和公司选择的航路
➤ 给出了风和温度的信息
➤ 可以快速并准确地查到计划的数据
➤ 可以自动申请ATC飞行计划

缺点

➢ 只根据数据库中信息和人工输入的指令计算

➢ 输入垃圾信息就产生垃圾(输入错误信息也会产生相应的输出)

➢ 不知道航路中非预期的事件,如 ATC 要求改航

正常运行时,在飞行前就会提交给机组计算机飞行计划,以便机组进行总误差的检查。例如:如果从 A 到 B 的正常轮挡燃油为 8000 kg,如果今天的计算机飞行计划中轮挡燃油是 7800 kg,那么就是没问题的。但是,如果计划的轮挡燃油是 5000 kg,你就应该检查原因,是不是给了你错误的飞行计划?

飞行中燃油的重新计算

飞行员应该能够计算出飞机的燃油流量(一般单位为 kg/h),然后用最新的数据重新计算飞机在某个航路点的预计剩油。

以下内容摘自某计算机飞行计划。

Waypoint	ETA(H:M)	ATA(H:M)	Planned Fuel Remaining	Actual Fuel Remaining
ALPHA	1:18	1:18	5690 kg	5690 kg
BETA	1:58	1:58	5210 kg	5290 kg
GAMMA	2:23	2:23	4910 kg	5040 kg
DELTA	3:08		4370 kg	

假定燃油流量为常值,那么当飞机到达 DELTA 时预计飞机上的实际剩油为多少?

a. 4590 kg

b. 4370 kg

c. 4460 kg

d. 3920 kg

下面解释一下相关内容。

蓝色的数据为原始数据。

航路点是航图上的几何位置。

ETA 是计算机飞行计划算出来的预达时刻。

计算剩余燃油是计算机预测的在某个特殊航路点油箱中应该剩下的燃油。

由于从 ALPHA 到 BETA 的时间是 40 min,燃油消耗 480 kg,所以估计的燃油流量为:

$$\frac{480 \text{ kg}}{40 \text{ min}} \times 60 \text{ min/h} = 720 \text{ kg/h}$$

在这个例子中,燃油流量是常数,但实际中它可能会变。

毫无疑问,如果使用最后一段的数值进行计算,那么结果是最准确和最新的。

ATA 是经过某个航路点的实际到达时间,这时机组需要查看燃油表并记录油箱中的实际燃油量。随着飞行的进行,机组将完成燃油计划(用红色数字表示)。

下面的问题是当飞机到达 DELTA 点时预计飞机上的实际剩油是多少。

现在需要使用最新的数据计算实际的燃油流量。

BETA 到 GAMMA,飞行时间 25 min,燃油消耗 5290 kg-5040 kg=250 kg。

则实际燃油流量为 $\dfrac{250\ \text{kg}}{25\ \text{min}} \times 60\ \text{min/h} = 600\ \text{kg/h}$

从 GAMMA 到 DELTA 的飞行时间为 45 min,时间燃油流量为 600 kg/h。

因此实际需要燃油 $600\ \text{kg/h} \times \dfrac{45\ \text{min}}{60\ \text{min/h}} = 450\ \text{kg}$

所以在 DELTA 的预计实际剩油为 5040 kg-450 kg=4590 kg。

在这个例子中实际的燃油流量比计划的燃油流量小,所以剩余燃油多。当然,也可能会出现实际剩油比计划剩油少的情况,这时需要机组特别注意燃油的监控并做出决定是否需要改航到航路备降场。

同理,根据上述实际燃油流量 600 kg/h 和在 DELTA 的剩余燃油为 4590 kg,可以计算剩余的续航时间。

看下面的例子,最终储备油和备降燃油是理论数据。

	kg	时间
在 DELTA 的燃油	4590	N/A
− 备降燃油	1580	40 min(来自飞机手册)
− 最终储备油	1250	30 min(标准值)
= 余油	1760 ÷ 燃油流量 600 kg/h=2 h 56 min(不包含备份燃油)	
		或 2:56
		+40(备降)
		+30(最终储备油)

$$= 4\ \text{h}\ 6\ \text{min}\ 即总续航时间。$$

空中再次计划

如上所述,如果实际耗油比计划耗油多,机组需要考虑是否要改航到航路备降场或更近的目的地机场。

在空中重新做计划和在地面重新做计划效果是一样的,所以基本的飞行计划原理和燃油政策仍然需要遵守。

机长必须检查新的目的地机场和指定的备降场的天气条件是否满足最低运行要求。

飞机上的燃油应该包括:

➢ 航程燃油,即从当前位置(决断点)到新目的地所需的燃油

➢ 应急燃油(新的航程燃油的5%)

➢ 备降燃油

➤ 最终储备油,飞机着陆时必须要剩余这么多的油

为了计算出航程燃油,需要计算出距离、新的地速,从而得到到新目的地机场的时间。根据飞机的性能和高空风,选择一个合适的飞行高度,这样才能使燃油消耗最低、飞行时间最短。现代飞机的飞行管理计算机可以完成这个步骤。

值得注意的是,考虑到高空风的影响时,最短距离或最佳巡航高度可能并不是最短时间。为了减少燃油的消耗使商载最大化,一个航班运营人一般会计算两个或三个计算机飞行计划,最终选择一个最经济的。

飞行过程燃油图表

飞行过程燃油图表是飞行中任意时刻所需燃油和可用燃油的另一种表示。这是一个不太常用的方法,尤其是有了计算机飞行计划后。它的优点是实际剩余燃油与计划剩余燃油的偏离比率更加明显。

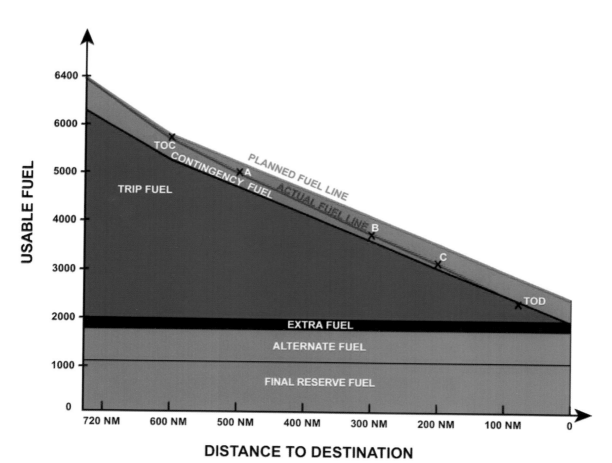

图2-5　飞行过程燃油图表

练习题

1. 已知：

    干使用重量（DOM）为 34210 kg

    商载为 5600 kg

    航程燃油（TF）为 6040 kg

    最终储备燃油为 1900 kg

    备降燃油为 1100 kg

    应急燃油为航程燃油的 5%

    下列哪项预计重量是正确的？

    (a)在目的地的预计着陆重量为 43552 kg

    (b)预计起飞重量为 43552 kg

    (c)在目的地的预计着陆重量为 43112 kg

    (d)预计起飞重量为 48052 kg

2. 对于喷气式发动机飞机，已知：

    滑行燃油为 600 kg

    巡航的燃油流量为 8900 kg/h

    等待的燃油流量为 7000 kg/h

    备降燃油为 6200 kg

    计划到目的地的飞行时间为 3 h 15 min

    目的地机场的预报能见度为 2000 m

    则最低起飞燃油为：

    (a) 40671 kg

    (b) 19200 kg

    (c) 44171 kg

    (d) 40071 kg

3. 对于喷气式飞机，已知：

    标准滑行燃油为 450 kg

    平均巡航燃油流量为 8000 kg/h

    在备降场上空 1500 ft 的等待燃油流量为 6000 kg/h

    航程时间为 4 h 45 min

    备降燃油为 4800 kg

    则最低停机坪燃油为：

    (a) 49250 kg

    (b) 46850 kg

    (c) 48150 kg

    (d) 37750 kg

4. 对于往复式活塞发动机飞机,最终储备燃油的所需时间为:

(a) 随风速变化

(b) 30 min

(c) 45 min

(d) 60 min

答案

1 (c);2 (d);3 (c);4 (c)。

轻型飞机燃油仪表误差

B级轻型飞机的燃油仪表经常不准确。不执行公共运输航班任务的飞行员是不需要遵守燃油政策的,但燃油仪表的不准确性意味着需要装载一部分备份燃油。这部分备份燃油一般为在任意一点所需航程燃油的30%。因此,起飞时备份燃油最多,着陆时备份燃油为零。

如果起飞时航程燃油为60 kg,那么备份燃油为60 kg的30%,即18 kg。也就是说,起飞时飞机上的燃油为100%的航程燃油+30%的航程燃油=130%的航程燃油=1.3 × 60=78 kg。

在欧洲,需要考生根据起飞时飞机上的总燃油(假设包含30%的备份燃油)计算航程燃油。

航程燃油=总燃油/1.3。

例子

如果飞机上的总燃油为65 kg,需要30%的备份燃油,那么航程燃油为多少?

答案

航程燃油=65 kg/1.3=50 kg

JAA问题中下一步可能是根据航程燃油和航程时间计算燃油流量。

例子

已知航程时间为2.5 h,起飞时总燃油为91 kg,在任意时刻都要求剩余30%的备份燃油,则燃油流量为多少?

答案

航程燃油=91 kg/1.3=70 kg

燃油流量=航程燃油/航程时间=70 kg/2.5 h=28 kg/h

在一些实际的JAA问题中,把这个作为一步,更进一步确定在后面的任一点所需的航程燃油和备份燃油。

例子

对于一个飞行计划,计算的燃油信息如下:

飞行时间:2 h 18 min(2.3 h)

在任意时刻,备份燃油不能少于剩余航程燃油的30%

滑行燃油:9 kg

轮挡燃油:116 kg

飞行1 h 48 min后应该剩余多少燃油?

(a) 23.3 kg航程燃油和0 kg备份燃油

(b) 17.9 kg航程燃油和5.4 kg备份燃油

(c) 23.3 kg航程燃油和5.4 kg备份燃油

(d) 17.9 kg航程燃油和24.7 kg备份燃油

答案

起飞时的燃油=轮挡燃油–滑行燃油=116 kg–9 kg=107 kg

航程燃油为=107 kg/1.3=82.3 kg

预计燃油流量为 82.3 kg/2.3 h=35.8 kg/h

1 h 48 min(1.8 h)后剩余时间为 2.3 h–1.8 h=0.5 h

则需要剩余航程燃油 35.8 kg/h × 0.5 h=17.9 kg

需要剩余备份燃油 17.9 kg × 0.3=5.4 kg

所以正确答案是(b)。

第三章
CAP 697——单发活塞式飞机（SEP 1）

简介

SEP 1 数据在 CAP 697 的第 2 节第 1 至 9 页上。该内容被分成五个部分：

1. 飞机描述和数据（CAP 697 第 2 节第 1 页）
2. 航路爬升时间、燃油和距离（CAP 697 第 2 节第 3 页）
3. 燃油流量表（CAP 697 第 2 节第 4 至 7 页）
4. 航程图（贫油）（CAP 697 第 2 节第 8 页）
5. 航时图（贫油）（CAP 697 第 2 节第 9 页）

飞机描述和数据（CAP 697 第 2 节第 1 页）

SEP 1 为一架安装有一台往复式发动机、定速螺旋桨和可收放式起落架的单翼飞机。假定计算时起落架处于适当位置。

详细数据

最大起飞重量	3650 lb
最大着陆重量	3650 lb
最大燃油载荷	74 US Gal
燃油密度	6 lb/US Gal（除非另有说明）

爬升时间、燃油和距离（CAP 697第2节第3页）

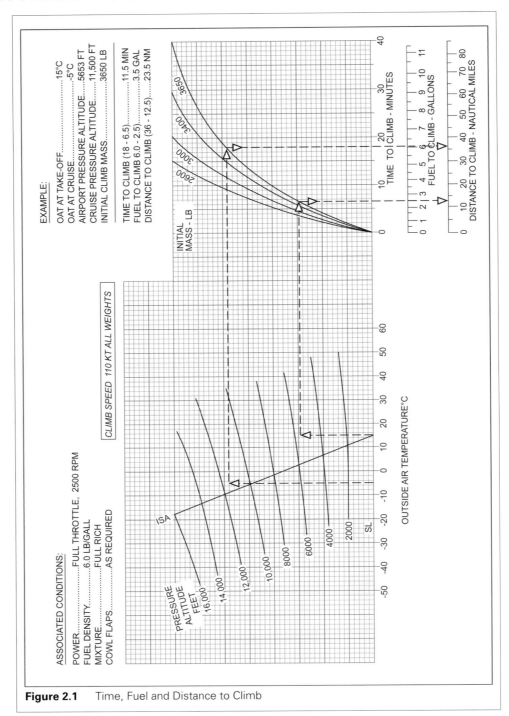

Figure 2.1 Time, Fuel and Distance to Climb

注：此图引自CAP 697，图中的图序、图题亦为原书中的标注，后同。

该图表提供了从平均海平面（MSL）爬升到任意压力高度的时间（min）、燃油（US Gal）和距离（NM）。如果起飞机场位于MSL，只需使用一次图表；如果机场高于MSL，则需要使用两次并进行简单的计算。

相关条件

图表左边的框内是与爬升相关的条件,被指定为"全富油"时,表示进入发动机的油气混合气中含有较多燃油;被指定为"贫油"时,表示含有的燃油较少。进气压力可以调节油气混合气:

进气压力越高,参与燃烧的混合气就越多。

起飞机场位于MSL

已知下列条件,计算爬升时间、燃油和距离。

机场压力高度	MSL
巡航高度上的温度	+5 ℃
巡航高度	FL 80
爬升重量	3650 lb

步骤1　从图上的巡航高度上的温度(+5 ℃)开始,竖直向上至巡航高度(FL 80)。

步骤2　在图上水平移动至初始爬升重量。这里有四个爬升重量可以使用,如果给定的是其他重量,则需要用这些数据进行插值。本例中重量为3650 lb。

步骤3　竖直向下依次读出:

时间	10 min
爬升燃油	3.6 US Gal
爬升距离	20 NAM

SEP 例1　　已知下列条件,计算爬升时间、燃油和距离。

机场压力高度	MSL
巡航高度上的温度	+5 ℃
巡航高度	FL 70
爬升重量	3400 lb

SEP 例2　　已知下列条件,计算爬升时间、燃油和距离。

机场压力高度	MSL
巡航高度上的温度	+15 ℃
巡航高度	FL 90
爬升重量	2600 lb

所有例题的答案将在本章末给出,注意计算结果可能与原答案不十分相符。由于有些图表需要插值,所以0.5 min、0.1 gal或1 NM内的无须考虑。

起飞机场高度不在MSL

计算中考虑了理论上从MSL爬升到起飞机场压力高度的时间、燃油和距离。使用图上的示例:

起飞机场温度	+15 ℃
机场压力高度	5653 ft
巡航高度上的温度	−5 ℃
巡航高度	11500 ft
爬升重量	3650 lb

步骤1　从图上起飞机场温度(+15 ℃)开始,竖直向上至机场压力高度(5653 ft)。

步骤2　在图上水平移动至初始爬升重量(3650 lb)。

步骤3　竖直向下依次读出:

时间	6.5 min
爬升燃油	2.5 US Gal
爬升距离	12.5 NAM

步骤4　从图上巡航高度上的温度(−5 ℃)开始,竖直向上至巡航高度(11500 ft)。

步骤5　在图上水平移动至初始爬升重量(3650 lb)。

步骤6　竖直向下依次读出:

时间	18 min
爬升燃油	6 US Gal
爬升距离	36 NAM

步骤7　从步骤6的数据中减去步骤3的数据得到爬升的数据:

时间	11.5 min(18−6.5)
爬升燃油	3.5 US Gal(6−2.5)
爬升距离	23.5 NAM(36−12.5)

SEP 例3　　已知下列条件,计算爬升时间、燃油和距离。

起飞机场温度	+20 ℃
机场压力高度	1000 ft
巡航高度上的温度	+5 ℃
巡航高度	6000 ft
爬升重量	3650 lb

SEP 例4　　已知下列条件,计算爬升时间、燃油和距离。

起飞机场温度	−10 ℃
机场压力高度	4000 ft
巡航高度上的温度	−20 ℃
巡航高度	7500 ft
爬升重量	3000 lb

考虑风分量

爬升图给出的是在静止空气中的爬升距离，但有时需要计算爬升经过的地面海里距离（NGM）。在只给定真空速而没有给定真空速时，计算爬升或下降 NGM 的一个简单方法是使用公式：

$$NGM = NAM + \left(\frac{时间}{60} \times 风分量\right)$$

在计算中进行某些严重差错检查总是有用的。如果在逆风（取负值）中爬升或下降，则经过的地面距离将缩短，顺风的影响则相反。

起飞机场温度	+20 ℃
机场压力高度	3500 ft
巡航高度上的温度	+1 ℃
巡航高度	13000 ft
爬升重量	3500 lb
风分量	−25 NM/h

先计算出正常无风的时间、燃油和距离：

时间	17 min
燃油	5.5 US Gal
距离	36 NAM

再计算出爬升经过的 NGM。

$$NGM = NAM + \left(\frac{时间}{60} \times 风分量\right)$$

$36 + \left(\frac{17}{60} \times (-25)\right) = 28.92 \ NGM$ ，不过 29 NGM 已足够精确。

检查答案是否符合逻辑——符合。

注意风分量对所需爬升时间和油耗均无影响。

SEP 例 5　　已知下列条件，计算爬升时间、燃油、NAM 和 NGM。

起飞机场温度	−15 ℃
机场压力高度	4500 ft
巡航高度上的温度	−25 ℃
巡航高度	9500 ft
爬升重量	3200 lb
风分量	+20 NM/h

SEP 例 6　　已知下列条件，计算爬升时间、燃油、NAM 和 NGM。

起飞机场温度	+15 ℃

机场压力高度	4000 ft
巡航高度上的温度	0 ℃
巡航高度	8500 ft
爬升重量	3500 lb
风分量	−10 NM/h

推荐和经济巡航功率设置（CAP 697第2节第4至7页）

有四张性能数据表：

表 2.2.1	25.0 inHg（或满油门）	2500 rpm
表 2.2.2	25.0 inHg（或满油门）	2100 rpm
表 2.2.3	23.0 inHg（或满油门）	2300 rpm
表 2.3.1	21.0 inHg（或满油门）	2100 rpm

三张子表中的数据分别对应于不同的ISA温度偏差：

➤ 标准ISA天气

➤ ISA+20 ℃

➤ ISA−20 ℃

注意在页面底部列出的说明：

➤ 满油门进气压力设置值是近似的

➤ 表上的阴影区表示满油门操作情况

Table 2.2.1
Off-peak EGT

25.0 in. Hg (or full throttle) @ 2,500 rpm
Cruise lean mixture @ cruise weight 3,400 lb

ISA Dev.	Press. Alt.	IOAT		Man. Press.	Fuel Flow		Airspeed	
°C	Feet	°C	°F	In. Hg	PPH	GPH	KIAS	KTAS
-20	0	-3	27	25.0	86.3	14.4	168	159
	2,000	-6	20	25.0	89.3	14.9	168	164
	4,000	-10	13	25.0	92.3	15.4	168	169
	6,000	-14	6	24.1	89.8	15.0	164	170
	8,000	-18	-1	22.3	82.6	13.8	157	168
	10,000	-22	-8	20.6	76.0	12.7	150	165
	12,000	-26	-15	19.1	70.2	11.7	143	162
	14,000	-30	-23	17.7	65.5	10.9	135	158
	16,000	-35	-30	16.3	60.8	10.1	126	152
0	0	17	63	25.0	82.9	13.8	163	160
	2,000	14	56	25.0	85.6	14.3	163	165
	4,000	10	50	25.0	88.5	14.8	163	170
	6,000	6	42	24.1	86.1	14.4	159	171
	8,000	2	35	22.3	79.3	13.2	152	169
	10,000	-2	28	20.6	73.3	12.2	145	166
	12,000	-6	21	19.1	67.8	11.3	137	162
	14,000	-10	13	17.7	63.5	10.6	129	157
	16,000	-15	6	16.3	59.1	9.9	120	150
+20	0	37	99	25.0	79.5	13.3	158	161
	2,000	34	92	25.0	82.1	13.7	158	166
	4,000	30	86	25.0	84.7	14.1	158	171
	6,000	26	79	24.1	82.5	13.8	154	172
	8,000	22	71	22.3	76.2	12.7	147	169
	10,000	18	64	20.6	70.5	11.8	140	165
	12,000	14	57	19.1	65.5	10.9	132	161
	14,000	10	49	17.7	61.5	10.3	123	155
	16,000	5	42	16.3	57.5	9.6	113	146

Figure 2.2　Recommended Cruise Power Settings

NOTE 1:　Full-throttle manifold pressure settings are approximate.

NOTE 2:　Shaded areas represent operation with full throttle.

NOTE 3:　Fuel flows are to be used for flight planning. Lean using the EGT.

Table 2.2.2
Off-peak EGT

25.0 in. Hg (or full throttle) @ 2,100 rpm
Cruise lean mixture @ cruise weight 3,400 lb

ISA Dev.	Press. Alt.	IOAT		Man. Press.	Fuel Flow		Airspeed	
°C	Feet	°C	°F	In. Hg	PPH	GPH	KIAS	KTAS
-20	0	-3	26	25.0	63.8	10.6	148	140
	2,000	-7	19	25.0	66.4	11.1	149	145
	4,000	-11	12	25.0	68.9	11.5	149	150
	6,000	-15	5	24.3	68.3	11.4	147	152
	8,000	-19	-2	22.5	63.9	10.7	139	148
	10,000	-23	-9	20.8	60.1	10.0	132	144
	12,000	-27	-17	19.3	56.7	9.5	123	139
	14,000	-31	-24	17.9	54.5	9.1	113	132
	16,000	-35	-32	16.5	52.2	8.7	95	114
0	0	17	62	25.0	61.9	10.3	143	140
	2,000	13	55	25.0	64.2	10.7	143	145
	4,000	9	48	25.0	66.6	11.1	144	150
	6,000	5	41	24.3	66.1	11.0	141	152
	8,000	1	34	22.5	61.9	10.3	134	148
	10,000	-3	27	20.8	58.5	9.8	126	143
	12,000	-7	19	19.3	55.6	9.3	116	136
	14,000	-11	12	17.9	53.5	8.9	103	125
	16,000	-	-	-	-	-	-	-
+20	0	37	98	25.0	60.1	10.0	138	140
	2,000	33	91	25.0	62.1	10.4	138	145
	4,000	29	84	25.0	64.4	10.7	139	150
	6,000	25	77	24.3	63.9	10.7	136	151
	8,000	21	70	22.5	60.2	10.0	128	147
	10,000	17	63	20.8	56.8	9.5	119	141
	12,000	13	55	19.3	54.5	9.1	108	131
	14,000	-	-	-	-	-	-	-
	16,000	-	-	-	-	-	-	-

Figure 2.2   Recommended Cruise Power Settings (continued)

NOTE 1:   Full-throttle manifold pressure settings are approximate.

NOTE 2:   Shaded areas represent operation with full throttle.

NOTE 3:   Fuel flows are to be used for flight planning. Lean using the EGT.

Table 2.2.3
Off-peak EGT

23.0 in. Hg (or full throttle) @ 2,300 rpm
Cruise lean mixture @ cruise weight 3,400 lb

ISA Dev.	Press. Alt.	IOAT		Man. Press.	Fuel Flow		Airspeed	
°C	Feet	°C	°F	In. Hg	PPH	GPH	KIAS	KTAS
-20	0	-3	26	23.0	67.6	11.3	152	144
	2,000	-7	20	23.0	69.7	11.6	152	149
	4,000	-11	13	23.0	72.1	12.0	153	154
	6,000	-15	6	23.0	74.4	12.4	153	158
	8,000	-18	-1	22.4	73.8	12.3	150	160
	10,000	-23	-9	20.7	68.4	11.4	143	157
	12,000	-27	-16	19.2	63.8	10.6	135	153
	14,000	-31	-23	17.8	60.0	10.0	127	148
	16,000	-35	-31	16.4	56.3	9.4	117	141
0	0	17	62	23.0	65.4	10.9	147	145
	2,000	13	56	23.0	67.4	11.2	147	149
	4,000	9	49	23.0	69.4	11.6	148	154
	6,000	5	42	23.0	71.7	12.0	148	159
	8,000	2	35	22.4	71.1	11.9	145	160
	10,000	-3	27	20.7	66.2	11.0	137	157
	12,000	-7	20	19.2	61.8	10.3	129	152
	14,000	-11	13	17.8	58.5	9.8	120	146
	16,000	-15	5	16.4	55.3	9.2	109	137
+20	0	37	98	23.0	63.2	10.5	142	145
	2,000	33	92	23.0	65.1	10.9	143	149
	4,000	29	85	23.0	67.1	11.2	143	154
	6,000	25	78	23.0	69.0	11.5	142	158
	8,000	22	71	22.4	68.5	11.4	140	160
	10,000	17	63	20.7	64.0	10.7	132	156
	12,000	13	56	19.2	60.0	10.0	123	151
	14,000	9	48	17.8	57.1	9.5	113	142
	16,000	-	-	-	-	-	-	-

Figure 2.2　Recommended Cruise Power Settings (continued)

NOTE 1:　Full-throttle manifold pressure settings are approximate.

NOTE 2:　Shaded areas represent operation with full throttle.

NOTE 3:　Fuel flows are to be used for flight planning. Lean using the EGT.

Table 2.3.1
Off-peak EGT

21.0 in. Hg (or full throttle) @ 2,100 rpm
Cruise lean mixture @ cruise weight 3,400 lb

ISA Dev.	Press. Alt.	IOAT		Man. Press.	Fuel Flow		Airspeed	
°C	Feet	°C	°F	IN. HG	PPH	GPH	KIAS	KTAS
-20	0	-4	25	21.0	52.7	8.8	126	120
	2,000	-8	18	21.0	54.0	9.0	128	125
	4,000	-11	12	21.0	55.4	9.2	130	130
	6,000	-15	5	21.0	56.9	9.5	131	136
	8,000	-19	-2	21.0	58.9	9.8	132	141
	10,000	-23	-9	20.8	60.1	10.0	132	144
	12,000	-27	-17	19.3	56.7	9.5	123	139
	14,000	-31	-24	17.9	54.5	9.1	113	132
	16,000	-35	-32	16.5	52.2	8.7	95	114
0	0	16	61	21.0	51.8	8.6	120	118
	2,000	12	54	21.0	53.1	8.9	123	124
	4,000	9	48	21.0	54.4	9.1	124	129
	6,000	5	41	21.0	55.7	9.3	125	134
	8,000	1	34	21.0	57.3	9.6	126	140
	10,000	-3	27	20.8	58.5	9.8	126	143
	12,000	-7	19	19.3	55.6	9.3	116	137
	14,000	-11	12	17.9	53.5	8.9	103	125
	16,000	-	-	-	-	-	-	-
+20	0	36	97	21.0	50.8	8.5	114	115
	2,000	32	90	21.0	52.1	8.7	116	121
	4,000	29	83	21.0	53.4	8.9	118	127
	6,000	25	77	21.0	54.7	9.1	119	132
	8,000	21	70	21.0	55.9	9.3	120	137
	10,000	17	63	20.8	56.8	9.5	119	141
	12,000	13	55	19.3	54.5	9.1	108	131
	14,000	-	-	-	-	-	-	-
	16,000	-	-	-	-	-	-	-

Figure 2.3 Economy Cruise Power Settings

NOTE 1: Full-throttle manifold pressure settings are approximate.

NOTE 2: Shaded areas represent operation with full throttle.

NOTE 3: Fuel flows are to be used for flight planning. Lean using the EGT.

要使用图表,应先翻到正确的功率设置页码,选择使用离给定温度偏差最近的子表。如果给定的温度偏差位于子表之间(如ISA-10 ℃),则需要进行插值。当温度偏差达到5 ℃时才进行插值也是合理的。

已知下列条件,计算燃油流量、KIAS和KTAS。

温度偏差　　　　　　　　0 ℃

高度　　　　　　　　　　FL 80

功率设置　　　　　　　　25 inHg,2500 rpm

步骤1　　选择正确的表格。　　　　第2节第4页—表2.2.1

步骤2　　选择正确的 ISA 偏差。

步骤3　　从正确的压力高度开始。　　FL 80

步骤4　　读出需要的值：

燃油流量　　　　　　　　79.3 lb/h，13.2 gal/h

KIAS　　　　　　　　　　152 NM/h

KTAS　　　　　　　　　　169 NM/h

SEP 例7　　已知下列信息，计算燃油流量、KIAS 和 KTAS。

温度偏差　　　　　　−10 ℃

高度　　　　　　　　FL 70

功率设置　　　　　　25 inHg，2500 rpm

SEP 例8　　已知下列信息，计算燃油流量、KIAS 和 KTAS。

温度偏差　　　　　　+10 ℃

高度　　　　　　　　FL50

功率设置　　　　　　21 inHg，2100 rpm

SEP 例9　　已知下列信息，计算燃油流量、KIAS 和 KTAS。

温度偏差　　　　　　+10 ℃

高度　　　　　　　　FL 110

功率设置　　　　　　25 inHg，2100 rpm

SEP 例10　　已知下列信息，计算燃油流量、KIAS 和 KTAS。

温度偏差　　　　　　−20 ℃

高度　　　　　　　　FL 120

功率设置　　　　　　23 inHg，2500 rpm

航程图（CAP 697第2节第8页）

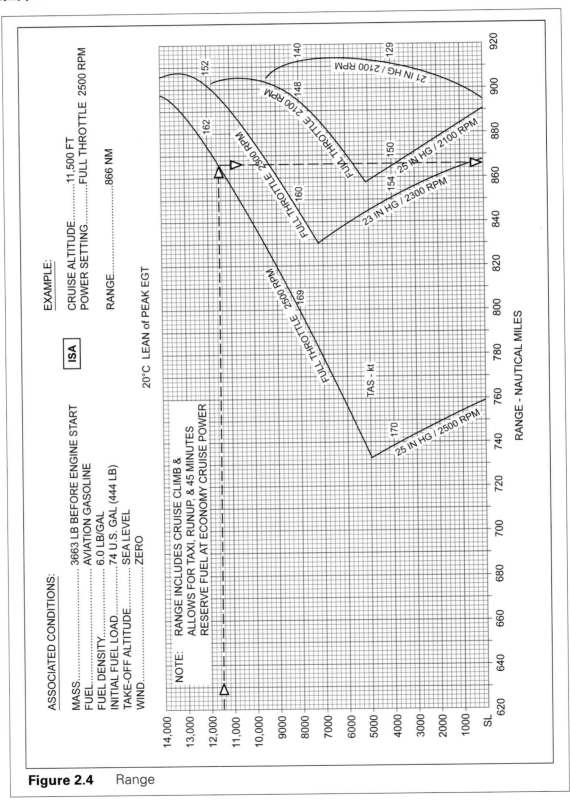

Figure 2.4   Range

　　该图提供了一种确定单发活塞式飞机静风航程的简便方法。图中包含四种功率设置。从图中查出的航程包含了下列燃油：

> 　上升燃油

> 　巡航燃油

> 　滑行燃油

> 　试车燃油

> 　45 min 备份燃油

　　该图给出了每种功率设置下的航程。对于每条功率设置曲线，航程最初随高度增加而减小；达到满油门高度后，转而随高度增加而增大。

　　在每条航程/功率设置曲线上都标有各高度的真空速。给定的功率设置下的真空速可能需要通过插值来确定。应注意这里的航程是静风航程，风分量可能会显著影响计算结果。

　　使用下面方法计算空中航程（NAM）（为简化计算，使用样例）：

巡航高度　　　　　　　　　　　11500 ft

功率设置　　　　　　　　　　　满油门，2500 rpm

步骤1　　从图左边的高度开始。11500 ft

步骤2　　水平移动至选定的功率设置。满油门，2500 rpm

步骤3　　竖直向下读出空中航程（NAM）。866 NAM

步骤4　　如果需要真空速，进行插值计算。注意本例中所求真空速介于 162 NM/h 和 169 NM/h 之间，通过检查，应使用 163 NM/h 的真空速。

SEP 例11　　下列条件下的静风航程是多少？

　　巡航高度　　　　　　　　8000 ft

　　功率设置　　　　　　　　满油门，2300 rpm

SEP 例12　　在功率设置为满油门，2300 rpm 时，在哪个高度能达到 890 NAM 的航程？

SEP 例13　　满油门，2100 rpm 能达到的最远航程（NAM）是多少？出现在哪个高度？

航时图（CAP 697第2节第9页）

　　航时是指机载燃油所对应的可用留空时间。航时图提供了一种确定单发活塞式飞机航时的简便方法。该图的使用方法和航程图的很相似。

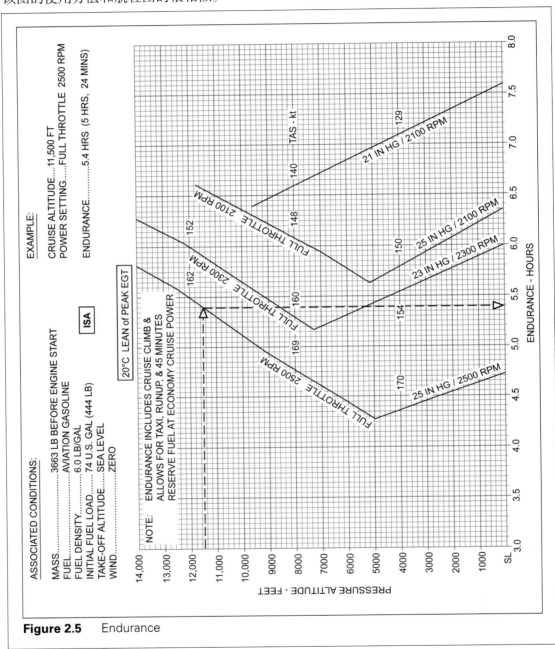

Figure 2.5　Endurance

使用图上的样例：

巡航高度	11500 ft
功率设置	满油门，2500 rpm

步骤1　从图左边的高度开始。　　　　　11500 ft

步骤2　　水平移动至选定的功率设置。满油门，2500 rpm

步骤3　　竖直向下读出航时。　　　　5.39 h

　　　　　　　　　　　　　　　　　5 h 23 min

步骤4　　如果需要真空速，进行插值计算。注意本例中所求真空速介于162 NM/h 和169 NM/h 之间，通过检查，应使用163 NM/h 的真空速。

SEP 例14　　下列条件下的可用航时是多长？

　　巡航高度　　　　　　　10000 ft

　　功率设置　　　　　　　满油门，2300 rpm

SEP 例15　　下列条件下的航时和真空速分别是多少？

　　巡航高度　　　　　　　11500 ft

　　功率设置　　　　　　　满油门，2300 rpm

SEP 例16　　当飞行高度为8000 ft、转速为2100 rpm 时，相比于满油门，功率设置为21.00 inHg 时航时增加的百分比是多少？

SEP 例题答案

SEP 例1　　7 min

　　　　　　2.6 US Gal

　　　　　　13 NAM

SEP 例2　　7 min

　　　　　　2.6 US Gal

　　　　　　13 NAM

SEP 例3　　5.5 min（6.5−1）

　　　　　　2 US Gal（2.5−0.5）

　　　　　　10 NAM（12−2）

SEP 例4　　2.5 min（5.5−3）

　　　　　　0.9 US Gal（2.1−1.2）

　　　　　　4 NAM（10−6）

SEP 例5　　5 min（8.5−3.5）

　　　　　　1.8 US Gal（3.2−1.4）

　　　　　　10 NAM（17−7）

　　　　　　12 NGM

SEP 例6   6 min（10−4）

2.1 US Gal（3.6−1.5）

12 NAM（20−8）

11 NGM

SEP 例7   燃油流量   84.45 lb/h（ISA−20:86.2，ISA:82.7）

燃油流量   14.1 gal/h（ISA−20:14.4，ISA:13.8）

KIAS   158 NM/h（ISA−20:160.5，ISA:155.5）

KTAS   169.5 NM/h（ISA−20:169，ISA:170）

SEP 例8   燃油流量   54.55 lb/h（ISA+20:54.05，ISA:55.05）

燃油流量   9.1 gal/h（ISA+20:9.0，ISA:9.2）

KIAS   121.5 NM/h（ISA+20:118.5，ISA:124.5）

KTAS   130.5 NM/h（ISA+20:129.5，ISA:131.5）

SEP 例9   燃油流量   56.35 lb/h（ISA+20:55.65，ISA:57.05）

燃油流量   9.43 gal/h（ISA+20:9.3，ISA:9.55）

KIAS   117.25 NM/h（ISA+20:113.5，ISA:121）

KTAS   137.75 NM/h（ISA+20:136，ISA:139.5）

SEP 例10   燃油流量   63.8 lb/h

燃油流量   10.6 gal/h

KIAS   135 NM/h

KTAS   153 NM/h

SEP 例11   843 NAM

SEP 例12   11000 ft

SEP 例13   905 NAM

10800 ft

SEP 例14   5.63 h，即 5 h 38 min

SEP 例15   5.9 h，即 5 h 54 min

153 NM/h

SEP 例16   8.2%（从 6.075 h 增加到 6.575 h）

第四章
CAP 697——多发活塞式飞机（MEP 1）

简介

MEP 1数据在CAP 697的第3节第1至8页上。该内容被分成六个部分：

1. 飞机描述和数据（CAP 697第3节第1页）

2. 航路爬升时间、燃油和距离（CAP 697第3节第3页）

3. 标准气温航程（CAP 697第3节第4页）

4. 功率设置、燃油流量和速度（CAP 697第3节第5和6页）

5. 航时图（贫油）（CAP 697第3节第7页）

6. 下降燃油、时间和距离（CAP 697第3节第8页）

MEP 1和SEP 1的数据页非常相似，用法说明也类似。

飞机数据（CAP 697第3节第1页）

MEP 1为一架安装有两台往复式发动机、对转螺旋桨和可收放式起落架的单翼飞机。

详细数据

（CAP 697第3节第1页）

最大起飞重量	4750 lb
最大零燃油重量	4470 lb
最大着陆重量	4513 lb
最大燃油装载	123 US Gal
燃油密度	6 lb/US Gal（除非另有说明）

功率设置

高速巡航	75%
经济巡航	65%
长航程巡航	45%

航路爬升时间、燃油和距离（CAP 697第3节第3页）

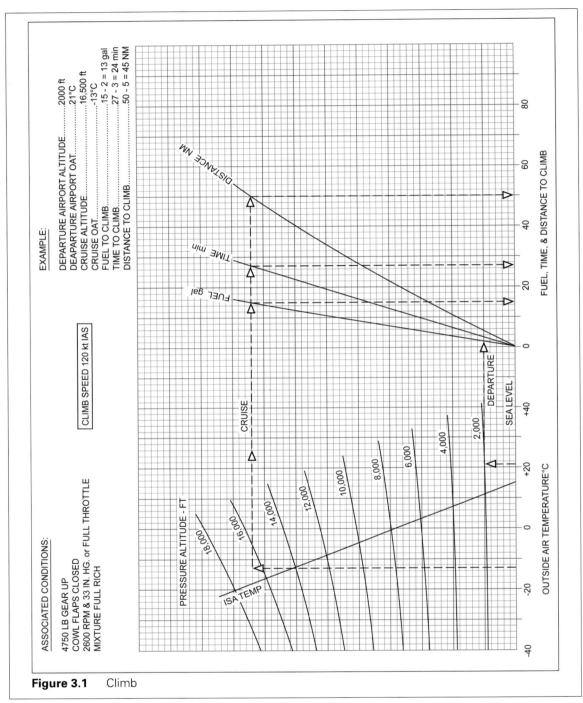

Figure 3.1　Climb

　　该图的用法与单发活塞式飞机的距离、燃油和时间图的用法类似。爬升时间、距离和燃油三条曲线共用一个复合刻度（不是三个不同的刻度）。使用图上的样例：

起飞机场高度　　　　　　　　　　2000 ft

起飞机场温度　　　　　　　　　　21 ℃

巡航高度 16500 ft

巡航高度上的温度 −13 ℃

风分量 −20 NM/h

步骤1 从图上起飞机场温度开始,竖直向上至机场压力高度。21 ℃/2000 ft

步骤2 水平移动至与燃油、时间和距离曲线相交。

步骤3 竖直向下依次读出:

燃油 2 gal

时间 3 min

距离 5 NAM

步骤4 对巡航高度,重复步骤1到步骤3。

燃油 15 gal

时间 27 min

距离 50 NAM

步骤5 从步骤4的值中减去步骤3的值。

燃油 13 gal

时间 24 min

距离 45 NAM

如果需要地面距离（NGM）,可使用与单发活塞式飞机相同的公式计算。

$$NGM = NAM + \left(\frac{时间}{60} \times 风分量 \right)$$

$$45 + \left[\frac{24}{60} \times (-20) \right] = 37 \ NGM$$

检查答案是否符合逻辑——符合。

注意风分量对所需爬升时间和油耗均无影响。

MEP 例1 已知下列数据,计算爬升燃油、时间和距离。

起飞机场高度 3500 ft

起飞机场温度 20 ℃

巡航高度 13000 ft

巡航高度上的温度 +1 ℃

MEP 例2 已知下列数据,计算爬升燃油、时间和距离。

起飞机场高度 5000 ft

起飞机场温度 10 ℃

巡航高度 15000 ft

巡航高度上的温度 −5 ℃

MEP 例3 已知下列数据,计算爬升燃油、时间、NAM 和 NGM。

起飞机场高度	5000 ft
起飞机场温度	15 ℃
巡航高度	15000 ft
巡航高度上的温度	−15 ℃
风分量	+20 NM/h

MEP 例4　　　已知下列数据,计算爬升燃油、时间、NAM 和 NGM。

起飞机场高度	4000 ft
起飞机场温度	10 ℃
巡航高度	16000 ft
巡航高度上的温度	−5 ℃
风分量	−30 NM/h

标准温度航程（CAP 697第3节第4页）

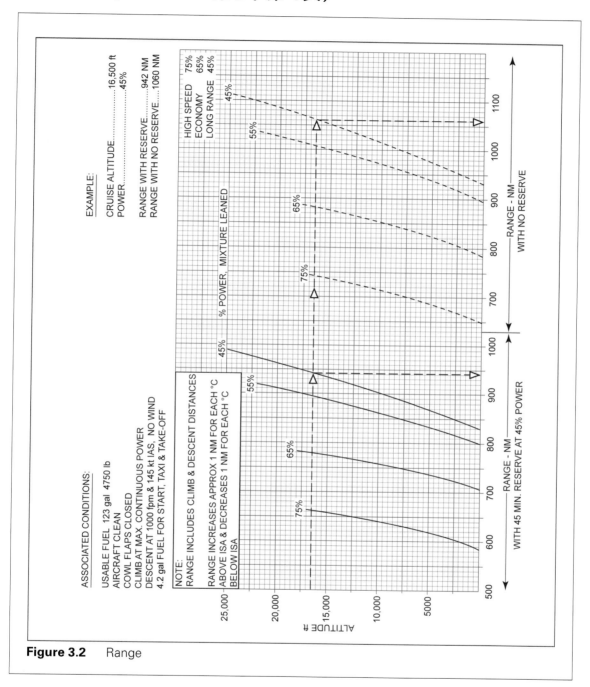

Figure 3.2　Range

图3.2提供了两种航程数据：

➤ 两个距离刻度：

　　➤ 包含以45%功率飞行45 min的备份燃油的航程

　　➤ 不含备份燃油的航程

➤ 假定重量为最大起飞重量（MTOM）

➤ 假定采用标准爬升和下降
➤ 考虑了试车、滑行和起飞的油耗(4.2 gal,25.2 lb)

使用CAP中的例子,计算包含和不含备份燃油的航程。

巡航高度	16500 ft
功率	长航程巡航 45%

步骤1　从图左边的巡航高度开始。
步骤2　水平移动至选定的功率,接着竖直向下读出空中航程(NAM)。

包含备份燃油的航程	943 NAM
不含备份燃油的航程	1059 NAM

MEP 例5　　　计算飞机在12500 ft高度上,在各巡航功率下包含和不含以45%功率飞行45 min的备份燃油的静风航程。

功率设置	包含以45%功率飞行45 min的备份燃油的静风航程	不含备份燃油的航程
75%		
65%		
55%		
45%		

功率设置和燃油流量(CAP 697 第3节第5页)

使用表3.3选择功率设置。四个功率(用百分比表示)栏用来选择高速、经济或长航程巡航方式。每个功率栏又被再次划分,以选择需要的转速和标准大气条件下与高度对应的进气压力(MAP)。

巡航高度为6000 ft,功率设置为75%时的燃油流量、转速和进气压力是多少?

步骤1　以要求的功率进入图表的功率栏。燃油流量　　　　　29 gal/h
步骤2　向下读出进气压力。

2500 rpm	33.4 inHg
2600 rpm	32.2 inHg

需要在2500 rpm和2600 rpm之间进行选择,每个转速都有与之相对应的进气压力。检查6000 ft高度上的数据,首选的较低转速对应的进气压力未超过34 inHg。
该表针对的是ISA情况,因此应根据表下面的注释,按需对结果进行修正。

高于ISA每6 ℃	进气压力和燃油流量增加1%
低于ISA每6 ℃	进气压力和燃油流量减少1%

POWER		75%		65%			55%						45%					
FUEL FLOW		29.0 GPH		23.3 GPH			18.7 GPH						16.0 GPH					
RPM		2,500	2,600	2,400	2,500	2,600	2,100	2,200	2,300	2,400	2,500	2,600	2,100	2,200	2,300	2,400	2,500	2,600
PRESS ALT (ft)	ISA 0°C	MANIFOLD ABSOLUTE PRESSURE (Hg in) (MAP)																
0	15	34.0	33.0	33.8	32.0	31.0	31.2	30.3	29.4	28.2	27.2	26.3	27.1	26.4	25.5	24.3	23.3	22.5
2,000	11	33.8	32.7	33.2	31.7	30.7	30.5	29.7	28.8	27.8	26.8	26.0	26.4	25.8	24.6	23.7	22.8	22.1
4,000	7	33.6	32.4	32.8	31.5	30.5	30.0	29.2	28.3	27.4	26.4	25.6	25.8	25.0	24.0	23.2	22.3	21.8
6,000	3	33.4	32.2	32.5	31.2	30.3	29.7	28.8	28.0	27.0	26.2	25.3	25.3	24.5	23.5	22.8	21.9	21.5
8,000	-1	33.1	32.0	32.3	31.0	30.1	29.4	28.4	27.7	26.8	25.7	25.0	24.8	24.0	23.0	22.4	21.6	21.2
10,000	-5	33.0	31.9	32.0	30.9	30.0	-	28.3	27.5	26.5	25.5	24.7	24.4	23.7	22.8	22.0	21.4	21.0
12,000	-9	32.5	31.8	31.8	30.7	29.8	-	28.3	27.2	26.3	25.3	24.6	24.0	23.3	22.5	21.7	21.2	20.9
14,000	-13	-	31.7	-	30.5	29.7	-	-	27.1	26.1	25.2	24.4	-	23.0	22.3	21.4	21.1	20.8
16,000	-17	-	31.6	-	30.4	29.5	-	-	25.9	25.0	24.3	-	22.0	21.3	21.0	20.6		
18,000	-21	-	-	-	29.4	-	-	-	25.0	24.2	-	-	21.2	20.9	20.5			
20,000	-25	-	-	-	29.3	-	-	-	24.2	-	-	21.2	20.8	20.4				
22,000	-28	-	-	-	-	-	24.1	-	-	-	-	20.4						
MAX EGT		1,525°F		1,650°F														
24,000	-33	-	-	-	-	-	-	-	-	-	-	-	-	-	-	-	-	20.4
25,000	-34	-	-	-	-	-	-	-	-	-	-	-	-	-	-	-	-	20.4

Figure 3.3　Power Setting Table

MEP 例6　已知下列数据，确定ISA条件下的进气压力和燃油流量。
　　功率　　75%
　　转速　　2600
　　高度　　6000 ft

MEP 例7　已知下列数据，确定ISA+12 ℃条件下的进气压力和燃油流量。
　　功率　　65%
　　转速　　2600
　　高度　　6000 ft

速度（CAP 697第3节第6页）

该图用于确定下述变量对应的巡航真空速。

➢ 温度

➢ 功率设置

➢ 高度

使用图上的样例,计算给定条件下的真空速:

巡航高度上的温度	–13 ℃
压力高度	16500 ft
功率	55%

步骤1　　从巡航高度OAT开始竖直向上至压力高度。　　–13 ℃/16500 ft

步骤2　　水平移动至要求的功率设置。　　55%

步骤3　　竖直向下读出真空速。　　172 NM/h

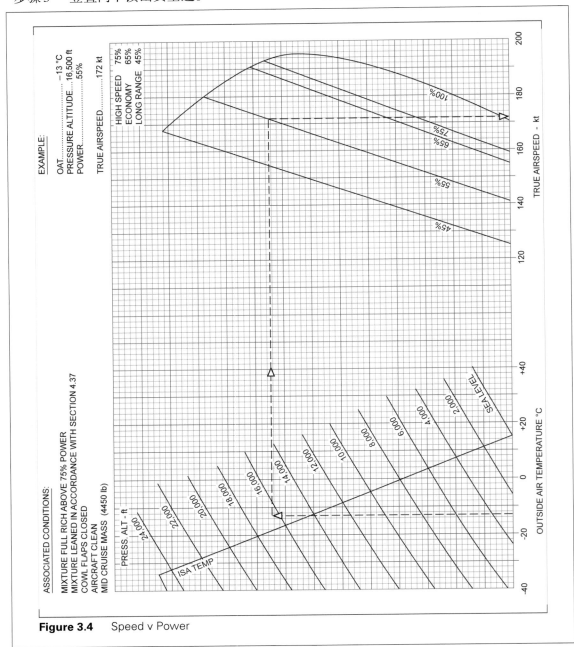

Figure 3.4　Speed v Power

MEP 例8　　计算给定条件下的真空速。

　　　巡航高度OAT　　　　10 ℃
　　　压力高度　　　　　　11000 ft
　　　功率　　　　　　　　65%

MEP 例9　　已知下列条件,完成下面的表格。

　　　巡航高度OAT　　　　0 ℃
　　　航段距离　　　　　　700 NAM
　　　压力高度　　　　　　11000 ft
　　　功率　　　　　　　　65%

功率	75%	65%	55%	45%
进气压力				
加仑/小时				
真空速				
风分量	−20	+30	−10	+40
地速				
地面距离				
航段时间				

航时(CAP 697第3节第7页)

　　下面介绍图3.5给出的飞机航时。该图的布局和参数与航程图的完全一样,唯一不同的是输出为以小时为单位的航时。

　　使用图上的样例,计算包含和不含备份燃油时的航时。

　　　巡航高度　　　　16500 ft
　　　功率　　　　　　45%

步骤1　　从图左边的巡航高度开始。

步骤2　　水平移动到45%的功率曲线。

步骤3　　竖直向下读出小时航时(注意数据为十进制小时数)。

　　　包含备份燃油的航时　　　6.16 h
　　　不含备份燃油的航时　　　6.91 h

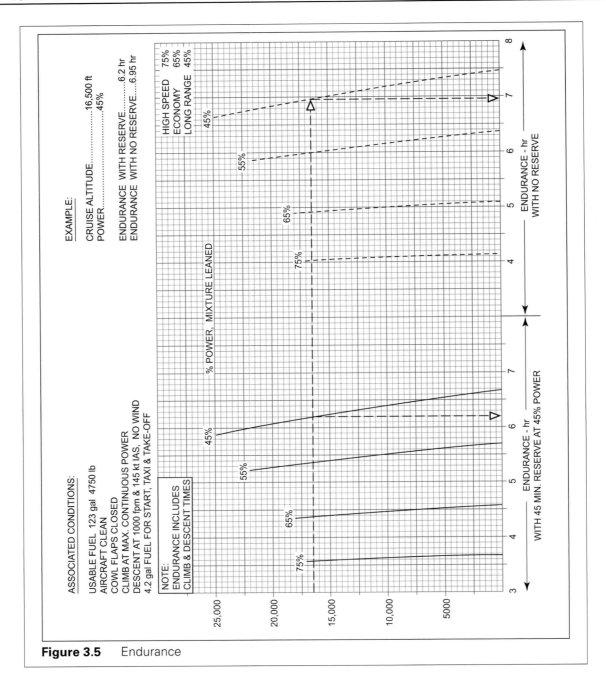

Figure 3.5 Endurance

MEP 例 10　　确定各功率设置下,包含和不含以45％功率飞行45 min的备份燃油的飞机航时。

ISA温度偏差　　　　　　0 ℃

巡航高度　　　　　　　　12500 ft

功率设置	包含以45％功率飞行45 min的备份燃油的飞机航时	不含备份燃油的航时
45％		
55％		
65％		
75％		

只有在45％功率的情况下，"不含备份燃油"的航时才会超过"包含备份燃油"的航时45 min。这是因为在其他情况下，"备份时间段"使用的功率值都大于45％。

下降燃油、时间和距离（CAP 697第3节第8页）

因为下降和巡航相同距离所需的燃油相差很少，所以在计算单发飞机性能时不考虑下降。

对于双发飞机，由于功率和燃油消耗较高，下降和巡航燃油有着显著差异。因此，在性能图中是把下降作为一个单独的飞行阶段来考虑的。图3.6使用图解的方式举例说明了下降数据的确定方法。该图与爬升图的使用方法完全相同。使用示例，确定下降燃油、时间和距离。

巡航高度	16500 ft
巡航高度上的温度	−13 ℃
目的地机场高度	3000 ft
目的地机场温度	22 ℃

步骤1　从巡航高度上的温度开始，竖直向上至巡航高度。

步骤2　水平移动至燃油、时间和距离曲线。

步骤3　从各曲线竖直向下读出：

　　　　燃油　　　　　　6 gal

　　　　时间　　　　　　16 min

　　　　距离　　　　　　44 NAM

步骤4　对目的地机场重复步骤1到3。

　　　　燃油　　　　　　1 gal

　　　　时间　　　　　　3 min

　　　　距离　　　　　　7 NAM

步骤5　从步骤3的值中减去步骤4的相应值：

　　　　燃油　　　　　　5 gal

　　　　时间　　　　　　13 min

　　　　距离　　　　　　37 NAM

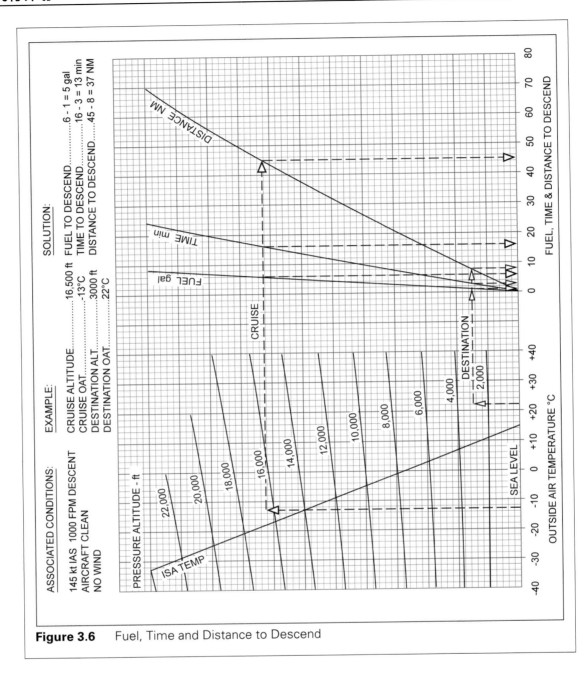

Figure 3.6 Fuel, Time and Distance to Descend

MEP 例11 使用以下数据,确定下降油耗、时间、NAM 和 NGM。

巡航高度	18000 ft
巡航 OAT	−20 ℃
目的地机场高度	3000 ft
目的地机场温度	10 ℃
风分量	−25 NM/h

MEP例题答案

MEP 例1

燃油	9 gal（12–3）
时间	16 min（22–6）
距离	29 NAM（39–10）

MEP 例2

燃油	10 gal（14–4）
时间	17 min（25–8）
距离	32 NAM（46–14）

MEP 例3

燃油	9 gal（13–4）
时间	16 min（24–8）
距离	30 NAM（44–14）
	34 NGM

MEP 例4

燃油	11 gal（15–4）
时间	21 min（27–6）
距离	39 NAM（50–11）
	31 NGM

MEP 例5

功率设置	包含以45％功率飞行45 min的备份燃油的航程	不含备份燃油的航程
75％	650 NAM	725 NAM
65％	768 NAM	865 NAM
55％	875 NAM	985 NAM
45％	918 NAM	1030 NAM

MEP 例6

进气压力	30.3 inHg
燃油流量	23.3 gal/h

MEP 例7

进气压力	30.9 inHg

燃油流量　　　23.8 gal/h

MEP 例 8　　　180 NM/h

MEP 例 9

功率	75%	65%	55%	45%
进气压力	33.4	31.2	26.2	21.9
加仑/小时	29	23.3	18.7	16
真空速	171	167	152	135
风分量	−20	+30	−10	+40
地速	151	197	142	175
NGM	618	826	654	907
航段时间	4 h 06 min	4 h 12 min	4 h 36 min	5 h 11 min

MEP 例 10

功率设置	包含以45%功率飞行45 min的备份燃油的航时	不含备份燃油的航时
45%	6.32 h	7.09 h
55%	5.46 h	6.09 h
65%	4.43 h	4.96 h
75%	3.6 h	4.06 h

MEP 例 11
燃油　　4.5 gal（6−1.5）
时间　　15 min（18−3）
距离　　41 NAM（49−8）
　　　　35 NGM

第五章
CAP 697——中程喷气式运输机(MRJT)

简介

MRJT数据在CAP 697的第4节第1至79页上。该内容被分为八个部分:

1. 飞机数据和常量

2. 最佳高度和短距离巡航高度

3. 简化飞行计划

4. 等待

5. 详细(完整)燃油计划

6. 非正常运行

7. 延程运行

8. 燃油载运

其中,非正常运行、延程运行和燃油载运将在第六章讨论。

飞机数据(CAP 697第4节第1页)

MRJT是一架安装有可收放式起落架的双发涡轮喷气式单翼飞机。满足以下结构限制:

最大滑行(停机坪)质量	63060 kg
最大起飞质量	62800 kg
最大着陆质量	54900 kg
最大无燃油质量	51300 kg
最大燃油装载	5311 US Gal
	16145 kg(3.04 kg/US Gal)

定义

回顾:

最大起飞质量(MTOM)	开始起飞滑跑时允许的最大飞机总质量。
最大无燃油质量(MZFM)	无可用燃油时允许的最大飞机总质量。
最大着陆质量(MLM)	正常着陆时允许的最大飞机总质量。

常量（CAP 697第4节第1页）

燃油密度3.04 kg/US Gal或6.7 lb/US Gal。

最佳高度（CAP 697第4节第1和2页）

要在具有最佳性能的高度操纵一架喷气式飞机,通常意味着要在尽可能高的高度进行操纵。飞行员感兴趣的性能指标会随飞行任务的不同而变化,可能是下述的任何一种：

➢ 最长航时

➢ 最远航程

➢ 最快速度

商用航空性能手册有选择地提供了部分巡航方式的数据。对于MRJT,这些巡航方式包括：

➢ 长航程巡航

➢ 0.74 M巡航

➢ 0.78 M巡航

图4.2.1用于确定MRJT的最佳高度。该图有两条曲线：

➢ 长航程巡航（LRC）或0.74 M巡航,和

➢ 0.78 M巡航（高速巡航）

注意该MRJT的最大操纵高度是37000 ft。

Off-Optimum Condition	Fuel Mileage Penalty %	
	LRC or Mach 0.74	Mach 0.78
2,000 ft above	−1	−1
Optimum	0	0
2,000 ft below	−1	−2
4,000 ft below	−4	−4
8,000 ft below	−10	−11
12,000 ft below	−15	−20

Table 4.1　Off-Optimum Fuel Penalty

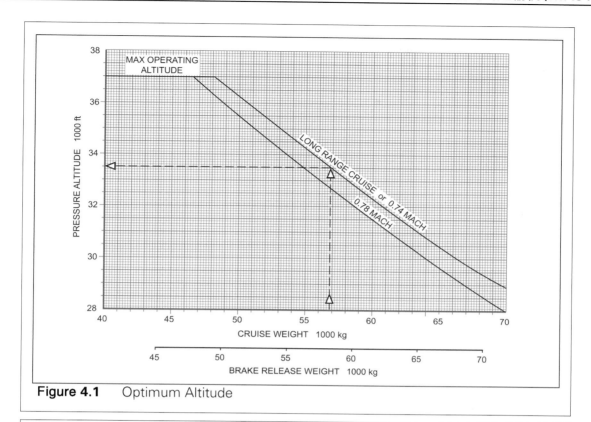

Figure 4.1　Optimum Altitude

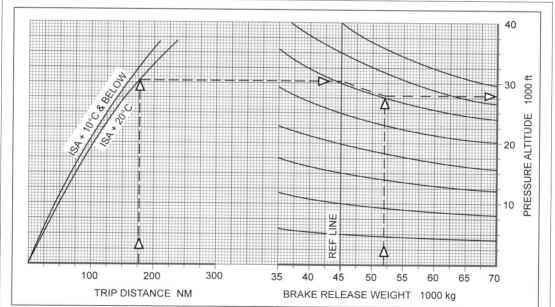

Figure 4.2　Short Distance Cruise Altitude

最佳高度的计算（CAP 697第4节第1和2页）

可以从下述重量开始查图。

➢　松刹车重量（也可能以TOM的形式给出），或

➤ 巡航重量

假定松刹车重量为58250 kg,或巡航重量为56800 kg,按照下述步骤确定最佳高度。

步骤1 从重量开始竖直向上至选定的巡航方式曲线,水平移动读出:

LRC 或 0.74 M 巡航　　　　　33500 ft

0.78 M 巡航（高速巡航）　　　32700 ft

MRJT 例1 已知以下数据,计算0.74 M巡航的最佳高度。

松刹车重量　　　　62000 kg

燃油损失（CAP 697第4节第1页）

如果一架飞机不能在最佳高度运行,将导致如下表所示的燃油损失。

偏离最佳高度情况	燃油/里程损失（%）	
	LRC	0.74
高2000 ft	1	1
最佳高度	0	0
低2000 ft	1	2
低4000 ft	4	4
低8000 ft	10	11
低12000 ft	15	20

最佳高度将随燃油的减少而增大。因此,随着巡航的进行,应增加高度以确保燃油/里程损失不至于太大。

偏离最佳高度

已知巡航重量为58600 kg,计算LRC或0.74 M巡航的最佳高度;如果飞机飞行在29000 ft的高度上,燃油损失是多少?

步骤1 计算最佳高度。飞机比最佳高度32900 ft低3900 ft。
步骤2 计算LRC或0.74 M巡航的燃油损失。

这两个速度的燃油/里程损失是相同的。如果飞机飞行在比最佳高度低4000 ft的高度上,代价是4%。

通过插值,得到比最佳高度低3900 ft的损失为:

LRC　　　　3.85%

0.74 M巡航　　　　3.9%

MRJT 例2　　已知下列数据,计算LRC和0.74 M巡航的最佳高度和燃油/里程损失（该问题假定飞机最大操纵高度为36000 ft）。

松刹车重量　　　　　　54000 kg
飞机磁航迹　　　　　　145°

短距离巡航高度（CAP 697第4节第2页）

对于短距离如调机飞行,飞机在开始下降前可能达不到最佳高度,但为了使飞行的效率最高,飞机仍然需要爬升到尽可能高的高度。此时最佳高度图不再适用。

图4.2提供了计算短距离巡航高度所需的信息。

使用套印在图上的计算样例。

航程距离　　　　　　175 NAM
温度条件　　　　　　ISA+20 ℃
松刹车重量　　　　　52000 kg

步骤1　　从图底部左边的航程距离（175 NAM）开始。
步骤2　　竖直向上至适当的温度偏差曲线。
步骤3　　水平移动至参考线,沿影响线与竖直的松刹车重量线相交。
步骤4　　水平移动读出最大压力高度。28000 ft。

MRJT 例3　　计算下面给定条件下的短距离巡航高度:
　　　　航程距离　　　　　150 NAM
　　　　温度条件　　　　　ISA+30 ℃
　　　　松刹车重量　　　　55000 kg

MRJT 例4　　计算下面给定条件下的短距离巡航高度:
　　　　航程距离　　　　　200 NAM
　　　　温度条件　　　　　ISA
　　　　松刹车重量　　　　60000 kg

简化燃油计划（CAP 697第4节第3至16页）

"简化燃油计划"图可以快速地确定:
➢　估计的航程时间
➢　所需燃油

下列图表提供了各种巡航方式下,从松刹车开始到着陆为止的燃油计划数据。

图4.3.1　长航程巡航(第4节第5至7页)
图4.3.2　0.74 M巡航(第4节第8至10页)
图4.3.3　0.78 M巡航(第4节第11至13页)
图4.3.4　300 KIAS巡航(第4节第14页)
图4.3.5　阶梯爬升(第4节第15页)
图4.3.6　备降计划——LRC(第4节第16页)

所有图都使用相同的格式,它们的使用方法将在本章的后面讨论。

附加修正(CAP 697第4节第3和4页)

如果爬升、巡航或下降计划中的任何一个与图上的数据不符,就需要进行附加修正。

成本指数修正——当计划使用FMS的"ECON"方式飞行时,需要对LRC燃油和时间进行修正。下表表示了飞行的不同速度剖面,并以百分比的形式给出了相应的燃油和时间修正量。

成本指数	燃油修正量(%)	时间修正量(%)
0	−1	4
20	1	4
40	2	−1
60	4	−2
80	5	−3
100	7	−4
150	10	−5
200	14	−7

地面运行

APU燃油流量	115 kg/h
滑行燃油	11 kg/min

高度选择

对任何偏离最佳高度的飞行,使用第24页的表格进行修正。

巡航

在空调组件高流量时航程燃油将增加。在防冰工作时航程燃油也将增加:

➤　仅发动机防冰:70 kg/h

➤　发动机和机翼防冰:180 kg/h

下降

简化图表假定以0.74 M/250 NM/h下降,直线进近。需对下列情况进行修正:

➤　每带襟翼机动飞行1 min,增加燃油75 kg

➤　下降中发动机防冰开增加燃油50 kg

等待

等待燃油使用第4节第17页图4.4确定。

简化飞行计划——长航程巡航(CAP 697第4节第5至7页)

简化的长航程巡航计划图包括三张图:

图4.3.1a　　用于航程距离100 NGM到600 NGM(注意航程距离不是以NAM形式给出)

图4.3.1b　　用于航程距离200 NGM到1200 NGM

图4.3.1c　　用于航程距离1000 NGM到3000 NGM

使用图4.3.1a(第4节第5页),计算LRC巡航的航程燃油和时间。这是图上的样例:

航程距离	350 NGM
巡航高度	29000 ft
估计着陆重量	30000 kg
平均风分量	50 NM/h逆风
温度偏差	ISA+20 ℃

步骤1　　从图上的航程距离开始。

步骤2　　垂直移动至参考线后,平行于影响线至50 NM/h分量线以修正逆风的影响。

步骤3　　垂直移动至第一组巡航高度参考线,与29(29000 ft)高度曲线相交,从交点水平右移到着陆重量参考线。

步骤4　　通过对两条影响线间的高度进行插值,修正着陆重量的影响。接着水平移出并读出燃油。

　　　　　2300 kg

步骤5　　垂直移动至第二组巡航高度参考线,然后水平左移至温度参考线。

步骤6　　平行于影响线至ISA+20 ℃,读出时间。

　　　　　1.1 h(1 h 6 min)

该计算方法适用于:

图4.3.1　　长航程巡航(第4节第5至7页)

图4.3.2　　0.74 M巡航(第4节第8至10页)

图4.3.3　　0.78 M巡航(第4节第11至13页)

图4.3.4　　340 KIAS巡航(第4节第14页)

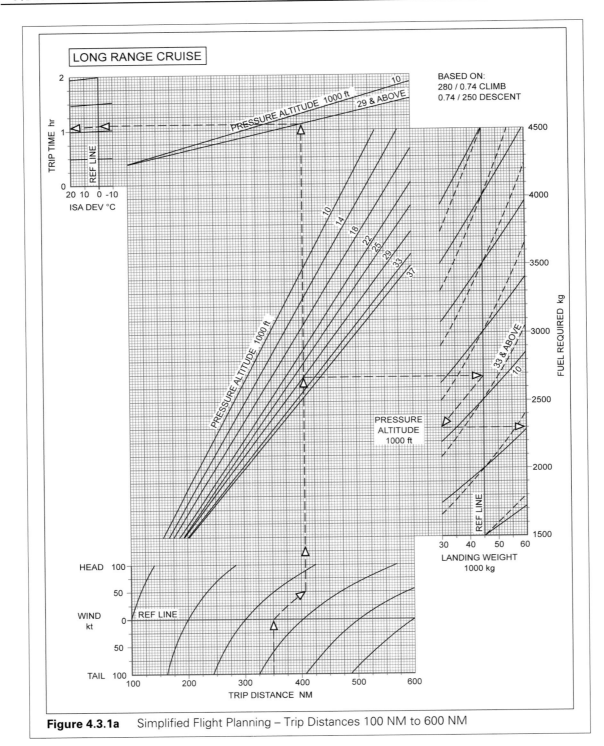

Figure 4.3.1a　Simplified Flight Planning – Trip Distances 100 NM to 600 NM

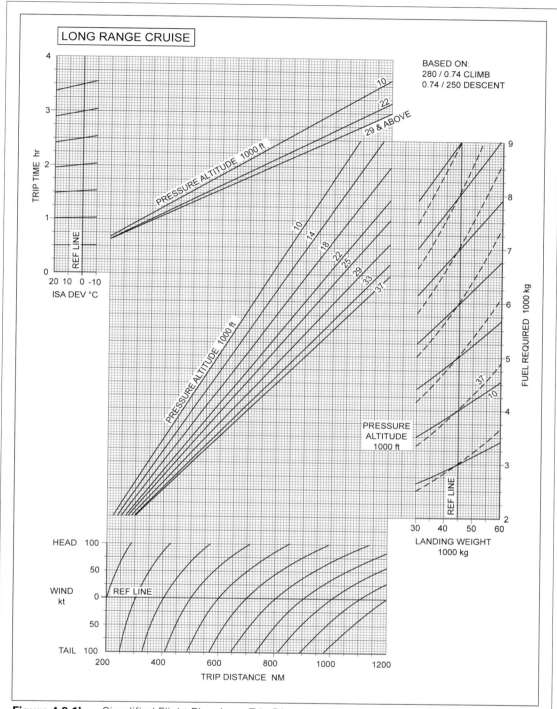

Figure 4.3.1b　Simplified Flight Planning – Trip Distances 200 NM to 1,200 NM

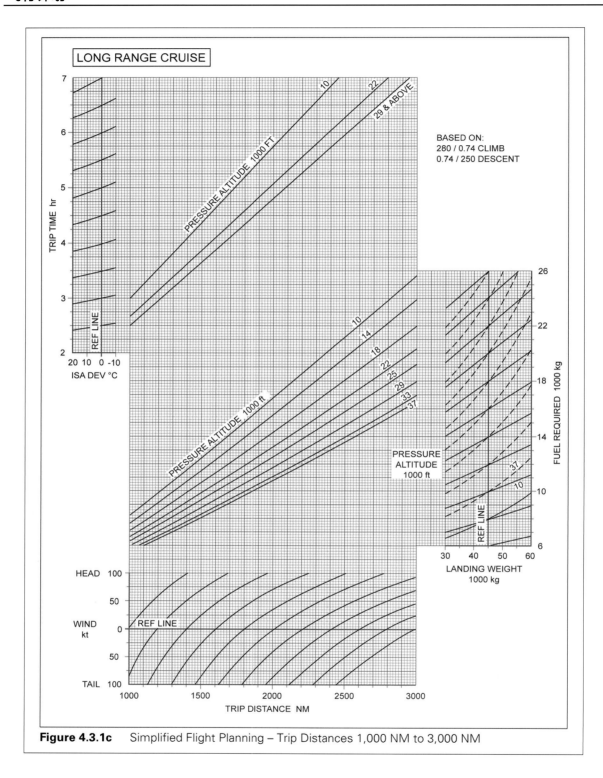

Figure 4.3.1c　Simplified Flight Planning – Trip Distances 1,000 NM to 3,000 NM

MRJT 例5　利用图4.3.1b计算LRC巡航的航程燃油和时间。

　　航程距离　　　　　　1000 NGM

　　巡航高度　　　　　　25000 ft

估计着陆重量	40000 kg
平均风分量	25 NM/h 逆风
温度偏差	ISA–10 ℃

MRJT 例6　利用图4.3.2c计算0.74 M巡航的航程燃油和时间。

航程距离	2000 NGM
巡航高度	35000 ft
估计着陆重量	30000 kg
平均风分量	25 NM/h 顺风
温度偏差	ISA+10 ℃

MRJT 例7　利用图4.3.3a计算0.74 M巡航的航程燃油和时间。

航程距离	400 NGM
巡航高度	25000 ft
估计着陆重量	30000 kg
平均风分量	25 NM/h 顺风
温度偏差	ISA+20 ℃

简化的阶梯爬升燃油计划(CAP 697第4节第15页)

考虑到最佳高度随飞机燃油的消耗而增加,该图允许飞行员以4000 ft的阶梯增加巡航高度以优化飞机性能。

该图适用于飞机爬升到高于最佳高度2000 ft的4000 ft阶梯爬升。

LRC或0.74 M巡航的航程燃油和时间从松刹车开始到接地为止。该图的使用方法与图4.3.1至图4.3.4相同,但使用的是松刹车重量而不是巡航压力高度。

使用样例,计算航程燃油和时间:

航程距离	2280 NGM
风分量	50 NM/h 逆风
松刹车重量	55000 kg
温度偏差	ISA+10 ℃

步骤1　从图上的航程距离开始。

步骤2　垂直移动到参考线,平行于影响线至50 NM/h分量线以修正逆风的影响。

步骤3　垂直移动到第一组松刹车重量参考线,与55(55000 kg)重量曲线相交,水平右移读出航程燃油。

　　　　13500 kg

步骤4　垂直移动到单条的所有松刹车重量参考线,水平左移至温度参考线。

步骤5　平行于影响线至ISA+10 ℃,读出时间。

　　　　6.1 h(6 h 6 min)

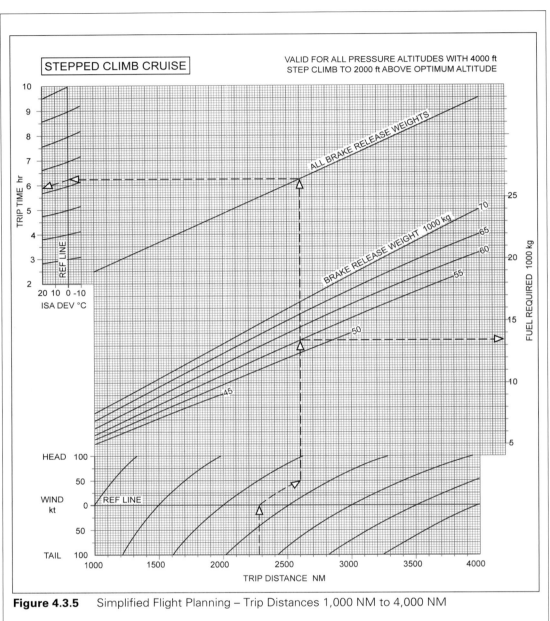

Figure 4.3.5 Simplified Flight Planning – Trip Distances 1,000 NM to 4,000 NM

MRJT 例8　已知下列数据,使用图4.3.5(第4节第15页)计算航程燃油和时间。

> 航程距离　　　　　2000 NGM
>
> 风分量　　　　　　30 NM/h逆风
>
> 松刹车重量　　　　65000 kg
>
> 温度偏差　　　　　ISA−10 ℃

MRJT 例9　已知下列数据,使用图4.3.5(第4节第15页)计算航程燃油和时间。

航程距离	3000 NGM
风分量	50 NM/h 逆风
松刹车重量	50000 kg
温度偏差	ISA+10 ℃

备降计划（CAP 697第4节第16页）

备降计划图表包括：

➤ 复飞

➤ 爬升至巡航高度

➤ LRC巡航

➤ 下降和直线进近

对于到目的地机场的距离超过500 NM的备降场，应使用简化的LRC飞行计划图（图4.3.1a至图4.3.1c）。

使用样例，计算备降燃油和时间：

航程距离	245 NGM
风分量	50 NM/h 逆风
备降机场着陆重量	45000 kg

步骤1 从图上的航程距离开始。

步骤2 垂直移动到参考线，平行于影响线至50 NM/h分量线以修正逆风的影响。

步骤3 垂直移动到备降场着陆重量参考线与45（45000 kg）重量曲线相交，水平右移读出备降燃油。

    1900 kg

步骤4 垂直移动到单条的所有着陆重量参考线，水平左移读出备降时间。

    0.8 h（49 min）

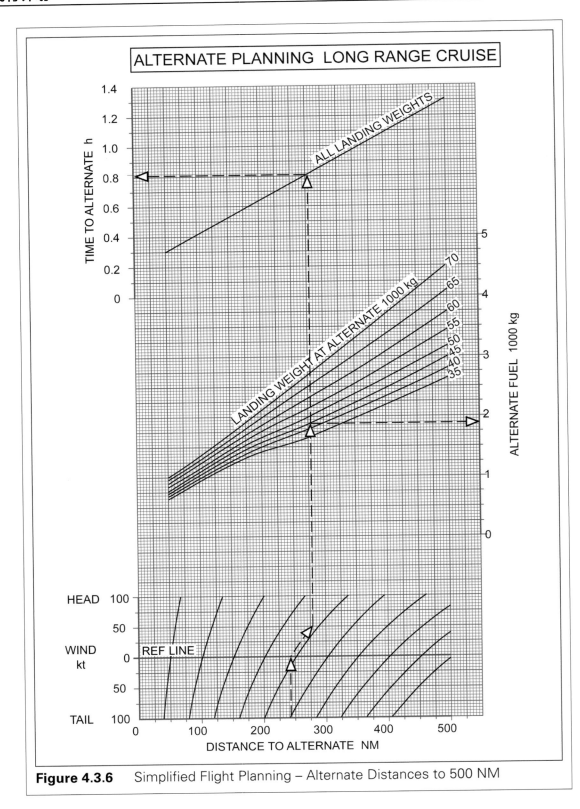

Figure 4.3.6 Simplified Flight Planning – Alternate Distances to 500 NM

MRJT 例10　已知下列数据，使用图4.3.6（第4节第16页）计算备降燃油和时间。

航程距离	300 NGM
风分量	50 NM/h 顺风
松刹车重量	40000 kg

MRJT 例11　已知下列数据,使用图4.3.6(第4节第16页)计算备降燃油和时间。

航程距离	400 NGM
风分量	50 NM/h 顺风
松刹车重量	60000 kg

等待燃油计划（CAP 697第4节第17页）

等待可由多方面原因引起,例如:

➢　天气状况

➢　拥堵

➢　紧急情况

注:本节的等待燃油在JAA燃油政策(见第二章)中被称为最后备份燃油。最后备份燃油可以从等待燃油表中得到,但须记得条件是:

在(备降)机场上空1500 ft和ISA条件下飞行30 min。

MRJT的等待燃油计划表(图4.4)在CAP 697第4节第17页。该表基于以下两条假设:

➢　飞机将按跑马场型航线进行等待。

➢　飞机将以最小阻力速度210 NM/h飞行。

如果使用的是水平直线等待,表格值减少5%。

当需要在表格中进行插值时,注意数据为燃油流量,单位为 kg/h。

已知下列条件,计算所需的等待燃油。

飞机重量	53000 kg
等待高度	8000 ft
等待时间	30 min

步骤1　找到54000 kg和52000 kg重量列。

步骤2　选择最接近8000 ft的两个高度(5000 ft和10000 ft)。

步骤3　计算53000 kg在5000 ft和10000 ft高度上的燃油流量。

5000 ft	2420 kg/h
10000 ft	2380 kg/h

步骤4　插值计算8000 ft高度上的燃油流量和所需燃油。

8000 ft	2396 kg/h
等待燃油	1198 kg

Press Alt. ft	Weight x 1,000 kg														
	66	64	62	60	58	56	54	52	50	48	46	44	42	40	38
	FUEL FLOW in kg per hour														
37,000					2,740	2,540	2,400	2,260	2,160	2,080	1,980	1,900	1,800	1,740	1,680
35,000		3,020	2,820	2,660	2,520	2,420	2,320	2,220	2,140	2,060	1,960	1,880	1,800	1,720	1,660
30,000	2,840	2,740	2,660	2,560	2,480	2,400	2,300	2,220	2,140	2,060	1,960	1,880	1,800	1,740	1,680
25,000	2,840	2,760	2,660	2,580	2,500	2,420	2,320	2,240	2,160	2,080	2,000	1,920	1,840	1,780	1,720
20,000	2,840	2,760	2,680	2,580	2,500	2,420	2,340	2,260	2,180	2,100	2,020	1,940	1,860	1,800	1,760
15,000	2,880	2,800	2,700	2,620	2,540	2,460	2,380	2,300	2,220	2,140	2,060	1,980	1,920	1,860	1,800
10,000	2,920	2,820	2,740	2,660	2,580	2,500	2,420	2,340	2,260	2,180	2,100	2,020	1,980	1,920	1,880
5,000	2,960	2,860	2,780	2,700	2,620	2,540	2,460	2,380	2,300	2,220	2,140	2,080	2,020	1,960	1,920
1,500	3,000	2,900	2,820	2,740	2,660	2,580	2,520	2,440	2,360	2,280	2,220	2,140	2,080	2,020	1,980

Figure 4.4　Holding Fuel Flow – Flaps Retracted

MRJT 例12　已知下列条件，计算所需的等待燃油。

飞机重量	43000 kg
等待高度	18000 ft
等待时间	40 min

MRJT 例13　已知下列条件，按照JAR-OPS计算最后备份燃油。

目的地机场数据　　机场标高3500 ft

机场上空的飞机重量54000 kg

备降机场数据　　机场标高11 ft

机场上空的飞机重量51000 kg

有可能的答案　　a. 2460 kg

b. 1230 kg

c. 2400 kg

d. 1200 kg

****

补充航程燃油计算实例

补充实例1：已知航程730 NM，逆风50 kt，巡航高度35000 ft，起飞重量67000 kg，航路气温ISA+10 ℃，求航程所需燃油和航程时间。

该题示意图见下图。该图中航程油量是按着陆重量确定的，但题目中已知的是起飞重量，因此需要根据起飞重量=着陆重量+航程燃油，做一条辅助线，如图中绿线所示，在该辅助线段上任何一点对应的着陆重量与航程燃油之和都等于 67000 kg。因此用图中所示的方法即可求出航程燃油为 5250 kg，航程时间为 2.05 h。

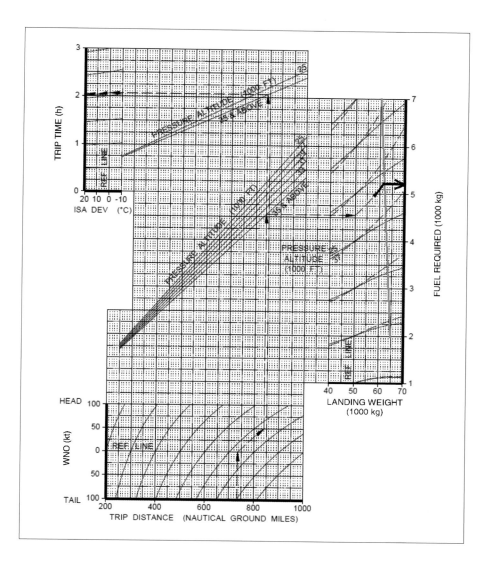

补充等待燃油计算实例

补充实例 2：已知机场气压高度 3500 ft，波音 737-300 飞机等待结束时重量为 120000 lb，等待航线为跑马场型，根据下表计算等待 30 min 的油量。

BOEING 737-300
OPERATIONS MANUAL

HOLDING PLANNING

FLAPS UP

BASED ON:
V_{MIN} DRAG
(210 kt LOWER LIMIT)

PRESSURE ALTITUDE FEET	GROSS WEIGHT 1000 lb											
	135	130	125	120	115	110	105	100	95	90	85	80
	TOTAL FUEL FLOW lb/h											
37000			5700	5280	4980	4720	4480	4240	4020	3820	3660	3520
35000	6020	5660	5360	5120	4880	4640	4420	4220	4000	3800	3640	3500
30000	5700	5480	5260	5060	4840	4620	4420	4220	4000	3820	3680	3540
25000	5720	5520	5300	5080	4880	4680	4460	4260	4060	3880	3760	3620
20000	5720	5520	5320	5100	4900	4700	4520	4320	4120	4000	3860	3740
15000	5800	5600	5400	5200	5000	4820	4620	4440	4260	4140	4000	3900
10000	5920	5720	5540	5340	5160	4960	4780	4600	4440	4300	4180	4060
5000	6100	5920	5720	5540	5340	5160	4980	4800	4620	4480	4360	4240
1500	6260	6080	5900	5700	5520	5320	5140	4960	4780	4640	4500	4380

NOTE: FUEL FLOW *IS* BASED ON A RACETRACK PATTERN. FOR HOLDING IN STRAIGHT AND LEVEL FLIGHT REDUCE FUEL FLOW VALUES BY 5 PERCENT.

由于等待时的燃油流量随飞机重量的减小而减小,是一个变量,为了精确计算等待油量,应该使用等待中的平均重量来确定燃油流量,具体计算过程如下:

(1)按照等待结束时的重量为120000 lb、等待的高度为5000 ft(机场上空1500 ft)查表得到燃油流量为5540 lb/h。

(2)计算等待燃油 HF_1。

$$HF_1 = 5540 \times \frac{1}{2} = 2770 \text{ lb}$$

(3)计算平均等待重量 W_m。

$$W_m = \frac{(120000 + 2770) + 120000}{2} = 121385 \text{ lb}$$

(4)根据平均等待重量查表得平均燃油流量 FF。

$$FF = 5540 + \frac{5720 - 5540}{5000} \times (121385 - 120000) = 5590 \text{ lb/h}$$

(5)计算平均等待燃油 HF。

$$HF = 5590 \times \frac{1}{2} = 2795 \text{ lb}$$

****

详细燃油计划(CAP 697第4节第18至70页)

可用的详细燃油计划资料包括:

图4.5.1	航路爬升	4张图表(第19至22页)
图4.5.2	空中航程修正	1张图表(第23页)
图4.5.3.1	长航程巡航	11张图表(第25到35页)
图4.5.3.2	0.74 M巡航	17张图表(第37至53页)
图4.5.3.3	0.78 M巡航	6张图表(第55至60页)
图4.5.3.4	低空巡航——300 KIAS	8张图表(第61至68页)
图4.5.4	下降表	2张图表(第69至70页)

航路爬升(CAP 697第4节第19到22页)

针对不同的ISA温度偏差,有四张爬升图表:

➢ ISA–6 ℃至ISA–15 ℃

➢ ISA–5 ℃至ISA+5 ℃

➢ ISA+6 ℃至ISA+15 ℃

➢ ISA+16 ℃至ISA+25 ℃

图表中的燃油和时间是从松刹车开始;距离是从高度1500 ft开始,爬升速度为280 NM/h/0.74 M。

本节所提到的真空速均指爬升的平均真空速。真空速用于把静风距离修正为地面距离(NGM),使用公式:

$$NGM = NAM \times \left(\frac{真空速 \pm 风速}{真空速} \right)$$

已知下列信息,计算航路爬升数据。

松刹车重量	62000 kg
机场标高	MSL
巡航高度	33000 ft
ISA温度偏差	–10 ℃

步骤1 检查ISA温度偏差,选择正确图表。ISA温度偏差在–6 ℃至–15 ℃区间内。

图4.5.1(第19页)

步骤2 从左边一栏中选择巡航高度——33000 ft。

步骤3 右移至松刹车重量列——62000 kg。

步骤4 读出爬升数据。

时间	19 min
燃油	1550 kg
距离	104 NM
真空速	374 NM/h

ISA −6 °C TO −15 °C

Press. Alt. ft	Units Min/kg. NAM/Kt	BRAKE RELEASE WEIGHT KG										
		68000	66000	64000	62000	60000	58000	56000	52000	48000	44000	40000
37000	Time/Fuel				30/2100	25/1800	22/1650	20/1550	17/1350	15/1200	13/1050	12/950
	Dist/TAS				184/391	148/387	130/385	117/383	98/381	85/379	73/378	64/377
36000	Time/Fuel			28/2050	24/1800	22/1650	20/1550	19/1450	16/1300	14/1150	13/1100	11/900
	Dist/TAS			166/388	142/385	127/383	115/381	106/380	91/378	79/377	69/376	60/375
35000	Time/Fuel	32/2350	27/2000	24/1850	22/1700	20/1600	19/1500	17/1400	15/1250	13/1100	12/1000	11/900
	Dist/TAS	195/390	156/385	139/383	125/381	114/380	105/378	97/377	85/376	74/375	65/374	57/373
34000	Time/Fuel	26/2000	23/1850	21/1700	20/1600	19/1500	17/1400	16/1350	14/1200	13/1100	11/950	10/850
	Dist/TAS	152/383	136/381	123/379	113/378	105/376	97/375	90/375	79/373	70/372	61/371	54/371
33000	Time/Fuel	23/1850	21/1750	20/1650	19/1550	17/1450	16/1350	15/1300	14/1150	12/1050	11/950	10/850
	Dist/TAS	133/378	121/376	112/375	104/374	97/373	90/372	84/372	74/371	66/370	58/369	51/368
32000	Time/Fuel	21/1750	20/1650	19/1550	17/1500	16/1400	16/1350	15/1250	13/1150	12/1000	11/900	9/800
	Dist/TAS	120/374	111/373	103/372	96/371	90/370	84/369	79/369	70/368	62/367	55/366	48/366
31000	Time/Fuel	20/1700	19/1600	18/1500	17/1400	16/1350	15/1300	14/1200	13/1100	11/1000	10/900	9/800
	Dist/TAS	110/370	102/369	95/368	89/367	84/367	79/366	74/366	66/365	58/364	52/364	46/363
30000	Time/Fuel	19/1600	18/1550	17/1450	16/1350	15/1300	14/1250	13/1200	12/1050	11/950	10/850	9/800
	Dist/TAS	101/366	95/365	89/1364	83/364	78/363	74/363	70/362	62/362	55/361	49/361	43/360
29000	Time/Fuel	17/1550	16/1450	15/1400	15/1300	14/1250	13/1200	13/1150	11/1050	10/950	9/850	8/750
	Dist/TAS	92/361	87/360	81/360	77/359	72/359	68/358	64/358	57/357	51/357	46/357	41/356
28000	Time/Fuel	16/1450	15/1400	15/1300	14/1250	13/1200	13/1150	12/1100	11/1000	10/900	9/800	8/750
	Dist/TAS	84/356	79/356	75/355	70/355	67/355	63/354	59/354	53/353	48/353	42/353	38/352
27000	Time/Fuel	15/1400	14/1350	14/1250	13/1200	12/1150	12/1100	11/1050	10/950	9/850	8/800	8/700
	Dist/TAS	77/352	73/351	69/351	65/351	61/350	58/350	55/1350	49/349	44/349	39/349	35/348
26000	Time/Fuel	14/1350	14/1250	13/1200	12/1150	12/1100	11/1050	11/1000	10/900	9/850	8/750	7/700
	Dist/TAS	71/348	67/347	63/347	60/347	57/347	54/346	51/346	46/346	41/345	37/345	33/345
25000	Time/Fuel	13/1300	13/1200	12/1150	12/1100	11/1050	11/1000	10/950	9/900	8/800	8/750	7/650
	Dist/TAS	65/344	61/343	58/343	55/343	52/343	50/343	47/342	42/342	38/342	34/342	30/341
24000	Time/Fuel	13/1200	12/1150	11/1100	11/1050	10/1000	10/950	10/950	9/850	8/750	7/700	6/650
	Dist/TAS	60/340	56/340	54/340	51/339	48/339	46/339	43/339	39/339	35/338	32/338	28/338
23000	Time/Fuel	12/1150	11/1100	11/1050	10/1000	10/1000	9/950	9/900	8/800	7/750	7/700	6/600
	Dist/TAS	55/336	52/336	49/336	47/336	44/336	42/335	40/335	36/335	33/335	29/335	26/335
22000	Time/Fuel	11/1100	11/1050	10/1050	10/1000	9/950	9/900	9/850	8/800	7/700	6/650	6/600
	Dist/TAS	50/333	48/333	45/333	43/332	41/332	39/332	37/332	33/332	30/332	27/332	24/331
21000	Time/Fuel	10/1050	10/1000	10/1000	9/950	9/900	8/850	8/800	7/750	7/700	6/650	6/550
	Dist/TAS	46/330	44/329	42/329	40/329	38/329	36/329	34/329	31/329	28/328	25/328	22/328
20000	Time/Fuel	10/1000	9/950	9/950	9/900	8/850	8/800	8/800	7/700	6/650	6/600	5/550
	Dist/TAS	42/326	40/326	38/326	36/326	35/326	33/326	31/326	28/326	26/325	23/325	21/325
19000	Time/fuel	9/950	9/950	8/900	8/850	8/800	7/800	7/750	7/700	6/650	6/600	5/500
	Dist/TAS	39/323	37/323	35/323	33/323	32/323	30/323	29/323	26/323	24/322	21/322	19/322
18000	Time/Fuel	9/900	8/900	8/850	8/800	7/800	7/750	7/700	6/650	6/600	5/550	5/500
	Dist/TAS	35/320	34/320	32/320	31/320	29/320	28/320	26/320	24/320	22/320	19/319	17/319
17000	Time/Fuel	8/900	8/850	8/800	7/800	7/750	7/700	6/700	6/650	5/600	5/550	5/500
	Dist/TAS	32/317	31/317	29/317	28/317	27/317	25/317	24/317	22/317	20/317	18/317	16/317
16000	Time/Fuel	8/850	7/800	7/750	7/750	7/700	6/700	6/650	6/600	5/550	5/500	4/450
	Dist/TAS	29/314	28/314	27/314	25/314	24/314	23/314	22/314	20/314	18/314	16/314	15/314
15000	Time/Fuel	7/800	7/750	7/750	6/700	6/700	6/650	6/650	5/600	5/550	5/500	4/450
	Dist/TAS	26/312	25/312	24/312	23/311	22/311	21/311	20/311	18/311	16/311	15/311	13/311
14000	Time/Fuel	7/750	6/700	6/700	6/650	6/650	6/600	5/600	5/550	5/500	4/450	4/400
	Dist/TAS	24/309	23/309	22/309	21/309	20/309	19/309	18/309	16/309	15/309	13/309	12/309
13000	Time/Fuel	6/700	6/700	6/650	6/650	5/600	5/600	5/550	5/500	5/500	4/450	3/400
	Dist/TAS	21/306	20/306	19/306	19/306	18/306	17/306	16/306	15/306	13/306	12/306	11/306
12000	Time/Fuel	6/650	6/650	5/600	5/600	5/600	5/550	5/550	4/500	4/450	4/400	3/400
	Dist/TAS	19/304	18/304	17/304	17/304	16/304	15/304	14/304	13/304	12/304	11/304	10/304
11000	Time/Fuel	5/650	5/600	5/600	5/550	5/550	5/500	4/500	4/450	4/450	3/400	3/350
	Dist/TAS	17/301	16/301	15/301	15/301	14/301	13/301	13/301	12/301	11/301	10/301	9/301
10000	Time/Fuel	5/600	5/550	5/550	5/550	4/500	4/500	4/500	4/450	4/400	3/350	3/350
	Dist/TAS	15/299	14/299	13/299	13/299	12/299	12/299	11/299	10/299	9/299	8/299	7/299
8000	Time/Fuel	4/500	4/500	4/500	4/450	4/450	4/450	3/400	3/400	3/350	3/350	3/300
	Dist/TAS	11/294	10/294	10/294	9/294	9/294	9/294	8/294	7/294	7/294	6/294	6/294
6000	Time/Fuel	4/450	3/400	3/400	3/400	3/400	3/350	3/350	3/350	3/350	2/300	2/250
	Dist/TAS	7/290	7/290	6/290	6/290	6/290	6/290	5/290	5/290	5/290	4/290	4/290
1500	Time/Fuel	2/250	2/250	2/250	2/250	2/250	2/250	2/250	2/200	2/200	2/200	1/150

Fuel Adjustment for high elevation airports	Airport Elevation	2000	4000	6000	8000	10000	12000
Effect on time and distance is negligible	Fuel Adjustment	-50	-100	-150	-250	-300	-350

Figure 4.5.1   En-route Climb 280/.74

MRJT 例 14　已知下列信息,计算航路爬升数据。

松刹车重量　　　　66000 kg

机场标高　　　　　MSL

巡航高度　　　　　29000 ft

ISA 温度偏差　　　+10 ℃

当机场标高高于平均海平面时,需要进行燃油调整。调整量位于所有表格的底部。由于不同表格的燃油调整量不同,应确保使用与之相对应的调整量。

MRJT 例 15　已知下列信息,计算航路爬升数据。

松刹车重量　　　　59000 kg

机场标高　　　　　3000 ft

巡航高度　　　　　35000 ft

ISA 温度偏差　　　−13 ℃

风分量　　　　　　−30 NM/h

不要忘了使用表格底部的燃油调整和用风分量计算 NGM。

MRJT 例 16　已知下列信息,计算航路爬升数据。

松刹车重量　　　　63000 kg

机场标高　　　　　5000 ft

巡航高度　　　　　29000 ft

ISA 温度偏差　　　−55 ℃

风分量　　　　　　+30 NM/h

空中航程修正(CAP 697 第4节第23页)

该图用于将 NGM 转换为 NAM,与第25至68页上的详细燃油计划图表结合使用。注意该图使用的是平均真空速。NGM 也可以使用公式计算:

$$NGM = NAM \times \left(\frac{真空速 \pm 风速}{真空速} \right)$$

已知下列数据,计算空中距离(NAM)。

平均真空速　　　450 NM/h

航段距离　　　　4000 NGM

风分量　　　　　50 NM/h顺风

步骤1　从图左下角的真空速开始。

步骤2　垂直上移至 50 NM/h 顺风线。顺、逆风线的标识在其右侧。

步骤3　水平右移至 400 参考线。

步骤4　垂直向下读出 NAM。

　　　　NAM　3600 NAM

用公式计算出的 NAM 为 3600 NAM,与用图查出来的值相同。但情况并非总是如此,这两个值之间可能存在较小的差别。如果要求使用空中航程修正图,JAA 将会明确说明。

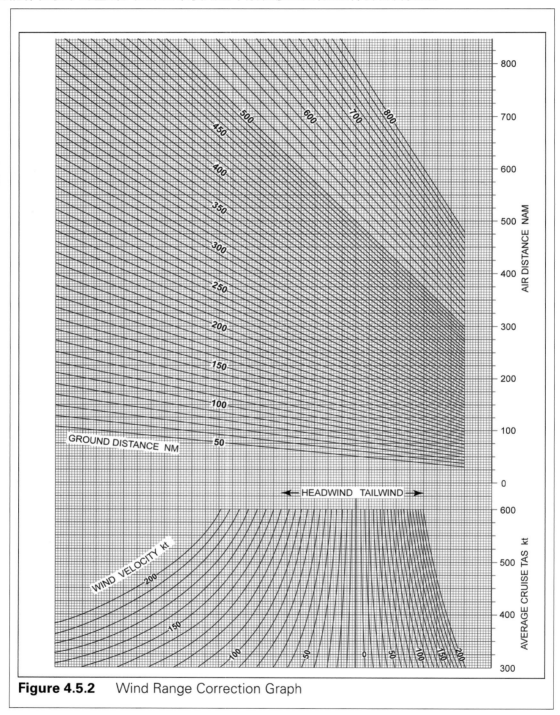

Figure 4.5.2 Wind Range Correction Graph

MRJT 例17 已知下列数据,计算空中距离(NAM)。

平均真空速 400 NM/h

航段距离	350 NGM
风分量	50 NM/h 逆风

MRJT 例18　已知下列数据,计算空中距离(NAM)。

平均真空速	350 NM/h
航段距离	2500 NGM
风分量	150 NM/h 逆风

积分航程图(CAP 697第4节第25至68页)

本节用于巡航计划。这些表格的用法相同。基本原理是使用两总重量的差值表示消耗的燃油,与重量对应的表列距离的差值表示消耗该部分燃油可获得的静风距离。

以图4.5.3.1(第25页)为例,该图表示的是在27000 ft高度上的长航程巡航。左手栏表示以千千克为单位的重量,为方便起见,横穿表上部的表列重量以百千克为单位排列。这就消除了某些插值的需要。

左边第二栏给出了重量对应的真空速。注意该值将随飞机重量的减轻而减小。其他栏表示飞机在该重量下所能飞行的空中距离(NAM)。

例如,在表格的右下角,67900 kg对应的数据是5687 NAM。这是飞机无燃油重量为35000 kg时所能飞行的静风距离。

已知下列数据,计算燃油消耗。

航段距离	3000 NAM
总重量	62700 kg

步骤1　从左手栏62000 kg开始,右移至700 kg列,得到62700 kg。读出起始距离(NAM)。
4910 NAM

步骤2　从起始距离4910 NAM中减去航段距离3000 NAM。
$$4910-3000=1910 \text{ NAM}$$
该值为飞机耗尽燃油时所能飞行的空中距离。

步骤3　在巡航空中距离栏中找到最接近1910的数据,该数据为:

总重量44800 kg	1903 NAM
总重量44900 kg	1922 NAM

1910近似位于两个距离数据的中间,结束总重量应为:
总重量44850 kg

步骤4　从起始总重量中减去结束总重量即可得到该航段所消耗的燃油。
$$62700-44850=17850 \text{ kg}$$

All Engines		Maximum Cruise Thrust Limits				A/C Auto			

PRESSURE ALTITUDE   **27,000 ft**   **LONG RANGE CRUISE**

GROSS WT. kg	TAS	0	100	200	300	400	500	600	700	800	900
		CRUISE DISTANCE NAUTICAL AIR MILES									
35000	371	0	20	40	61	81	102	122	142	163	183
36000	375	204	224	244	264	284	305	325	345	365	385
37000	379	405	425	445	465	485	505	525	545	565	585
38000	383	605	625	644	664	684	704	723	743	763	782
39000	387	802	822	841	861	880	900	919	939	958	978
40000	391	997	1016	1036	1055	1074	1093	1113	1132	1151	1171
41000	394	1190	1209	1228	1247	1266	1285	1304	1323	1342	1361
42000	398	1381	1399	1418	1437	1456	1475	1494	1513	1531	1550
43000	401	1569	1588	1606	1625	1644	1662	1681	1700	1718	1737
44000	405	1756	1774	1793	1811	1829	1848	1866	1885	1903	1922
45000	408	1940	1958	1977	1995	2013	2031	2050	2068	2086	2104
46000	411	2123	2141	2159	2177	2195	2213	2231	2249	2267	2285
47000	414	2303	2321	2339	2357	2375	2393	2411	2428	2446	2464
48000	417	2482	2500	2517	2535	2553	2570	2588	2606	2624	2641
49000	420	2659	2676	2694	2711	2729	2746	2764	2781	2799	2816
50000	423	2834	2851	2869	2886	2903	2921	2938	2955	2972	2990
51000	426	3007	3024	3041	3059	3076	3093	3110	3127	3144	3161
52000	428	3179	3196	3213	3229	3246	3263	3280	3297	3314	3331
53000	431	3348	3365	3382	3399	3416	3432	3449	3466	3483	3500
54000	433	3516	3533	3550	3566	3583	3600	3616	3633	3650	3666
55000	435	3683	3699	3716	3732	3749	3765	3782	3798	3815	3831
56000	437	3848	3864	3880	3897	3913	3929	3946	3962	3978	3995
57000	438	4011	4027	4043	4059	4075	4092	4108	4124	4140	4156
58000	440	4172	4188	4204	4220	4236	4252	4268	4284	4300	4316
59000	441	4332	4348	4364	4380	4396	4411	4427	4443	4459	4475
60000	442	4491	4506	4522	4538	4553	4569	4585	4600	4616	4632
61000	443	4647	4663	4678	4694	4709	4725	4740	4756	4771	4787
62000	444	4802	4818	4833	4849	4864	4879	4895	4910	4925	4941
63000	444	4956	4971	4986	5002	5017	5032	5047	5063	5078	5093
64000	444	5108	5123	5138	5153	5168	5183	5199	5214	5229	5244
65000	444	5259	5274	5289	5304	5318	5333	5348	5363	5378	5393
66000	444	5408	5423	5437	5452	5467	5482	5497	5511	5526	5541
67000	444	5556	5570	5585	5599	5614	5629	5643	5658	5673	5687

NOTE 1: OPTIMUM WEIGHT FOR PRESSURE ALTITUDE EXCEEDS STRUCTURAL LIMIT
    A) THRUST LIMITED WEIGHT FOR ISA +10 AND COLDER EXCEEDS STRUCTURAL LIMIT
    B) THRUST LIMITED WEIGHT FOR ISA +15 EXCEEDS STRUCTURAL LIMIT
    C) THRUST LIMITED WEIGHT FOR ISA +20 EXCEEDS STRUCTURAL LIMIT

NOTE 2: ADJUSTMENTS FOR OPERATION AT NON-STANDARD TEMPERATURES
    A) INCREASE FUEL REQUIRED BY 0.5 PERCENT PER 10 DEGREES C ABOVE ISA
    B) DECREASE FUEL REQUIRED BY 0.5 PERCENT PER 10 DEGREES C BELOW ISA
    C) INCREASE TAS BY 1 KNOT PER DEGREE C ABOVE ISA
    D) DECREASE TAS BY 1 KNOT PER DEGREE C BELOW ISA

Figure 4.5.3.1   Long Range Cruise – Pressure Altitude 27,000 ft

温度偏差

在每张表格的底部都有四个偏差的修正项。每张表的修正量是不同的。使用图4.5.3.2（第49页），在33000 ft高度上以0.74 M巡航。

温度每高于ISA 10 ℃增加所需燃油0.6%

温度每低于ISA 10 ℃减少所需燃油0.6%

温度每高于ISA 1 ℃增加真空速1 NM/h

温度每低于ISA 1 ℃减少真空速1 NM/h

已知下列数据，计算这两个航段的空中距离（NAM）和每个航段的燃油消耗。

巡航速度	0.74 M
巡航高度	33000 ft
总重量	53500 kg
ISA偏差	0

航路

	NGM	风分量
A—B	240	−20
B—C	370	−30

步骤1　选择正确的0.74 M巡航图表。

图4.5.3.2　　第49页

步骤2　使用表格右上角的真空速（430 NM/h）计算每个航段的NAM。

A—B　　252 NAM

B—C　　398 NAM

步骤3　用航段A起始的总重量53500 kg查找巡航距离的起始值：

起始NAM　　3796 NAM

步骤4　减去第一个航段的NAM。

3769–252=3544 NAM

该值对应于一个52100 kg的航段结束总重量（取最近的100 kg）。

因此，该航段的燃油消耗量为：

53500–52100=1400 kg

步骤5　用第一个航段终点的NAM减去第二个航段的距离：

3544–398=3146 NAM

该值对应于一个50000 kg的航段结束总重量（取最近的100 kg）

因此，该航段的燃油消耗为：

52100–50000=2100 kg

如果存在ISA偏差，应使用表底部的修正项加以修正。

All Engines　　Maximum Cruise Thrust Limits　　A/C Auto

PRESSURE ALTITUDE 21,000 ft　MACH 0.74 CRUISE　TAS 453 kt

GROSS WT. kg	0	100	200	300	400	500	600	700	800	900
	CRUISE DISTANCE NAUTICAL AIR MILES									
35000	0	14	29	44	59	74	89	104	119	134
36000	149	164	179	193	208	223	238	253	268	283
37000	298	313	328	342	357	372	387	402	417	432
38000	447	461	476	491	506	521	536	550	565	580
39000	595	610	625	639	654	669	684	699	714	728
40000	743	758	773	788	802	817	832	847	861	876
41000	891	906	921	935	950	965	980	994	1009	1024
42000	1039	1053	1068	1083	1097	1112	1127	1142	1156	1171
43000	1186	1200	1215	1230	1244	1259	1274	1288	1303	1318
44000	1332	1347	1362	1376	1391	1406	1420	1435	1450	1464
45000	1479	1493	1508	1523	1537	1552	1566	1581	1596	1610
46000	1625	1639	1654	1669	1683	1698	1712	1727	1741	1756
47000	1770	1785	1799	1814	1828	1843	1857	1872	1887	1901
48000	1916	1930	1944	1959	1973	1988	2002	2017	2031	2046
49000	2060	2075	2089	2103	2118	2132	2147	2161	2175	2190
50000	2204	2219	2233	2247	2262	2276	2290	2305	2319	2333
51000	2348	2362	2376	2391	2405	2419	2434	2448	2462	2476
52000	2491	2505	2519	2534	2548	2562	2576	2590	2605	2619
53000	2633	2647	2662	2676	2690	2704	2718	2733	2747	2761
54000	2775	2789	2803	2817	2832	2846	2860	2874	2888	2902
55000	2916	2930	2944	2958	2973	2987	3001	3015	3029	3043
56000	3057	3071	3085	3099	3113	3127	3141	3155	3169	3183
57000	3197	3211	3225	3239	3253	3267	3280	3294	3308	3322
58000	3336	3350	3364	3378	3392	3405	3419	3433	3447	3461
59000	3475	3489	3502	3516	3530	3544	3558	3571	3585	3599
60000	3613	3626	3640	3654	3668	3681	3695	3709	3722	3736
61000	3750	3764	3777	3791	3804	3818	3832	3845	3859	3873
62000	3886	3900	3913	3927	3941	3954	3968	3981	3995	4008
63000	4022	4036	4049	4063	4076	4090	4103	4117	4130	4144
64000	4157	4170	4184	4197	4211	4224	4238	4251	4264	4278
65000	4291	4305	4318	4331	4345	4358	4371	4385	4398	4411
66000	4425	4438	4451	4465	4478	4491	4504	4518	4531	4544
67000	4558	4571	4584	4597	4610	4623	4637	4650	4663	4676

NOTE 1: OPTIMUM WEIGHT FOR PRESSURE ALTITUDE EXCEEDS STRUCTURAL LIMIT
A) THRUST LIMITED WEIGHT FOR ISA +10 AND COLDER EXCEEDS STRUCTURAL LIMIT
B) THRUST LIMITED WEIGHT FOR ISA +15 EXCEEDS STRUCTURAL LIMIT
C) THRUST LIMITED WEIGHT FOR ISA +20 EXCEEDS STRUCTURAL LIMIT

NOTE 2: ADJUSTMENTS FOR OPERATION AT NON-STANDARD TEMPERATURES
A) INCREASE FUEL REQUIRED BY 0.6 PERCENT PER 10 DEGREES C ABOVE ISA
B) DECREASE FUEL REQUIRED BY 0.6 PERCENT PER 10 DEGREES C BELOW ISA
C) INCREASE TAS BY 1 KNOT PER DEGREE C ABOVE ISA
D) DECREASE TAS BY 1 KNOT PER DEGREE C BELOW ISA

Figure 4.5.3.2　Mach 0.74 Cruise – Pressure Altitude 21,000 ft

MRJT 例 19　已知下列数据,计算航段的燃油消耗。

巡航速度	0.74 M
巡航高度	29000 ft
总重量	61500 kg
ISA 偏差	+10 ℃
航路	

	NGM	风分量
A—B	750	+20
B—C	450	−30

MRJT 例 20　已知下列数据,计算航段的燃油消耗。

巡航速度	0.78 M
巡航高度	30000 ft
总重量	63700 kg
ISA 偏差	−25 ℃
航路	

	NGM	风分量
A—B	650	−50
B—C	850	+40

如果使用长航程巡航图表,则应用其第二栏的真空速。要记住:如果该图要与第23页上的风修正图一起使用,那么必须计算一个平均真空速。

下降（CAP 697 第4节第69和70页）

提供的两张表格用于:

➤ 0.74 M/250 NM/h

➤ 0.70 M/280 NM/h/250 NM/h

两种下降都基于慢车推力,并考虑了起落架放下的直线进近。要记住在下列情况下,必须对下降燃油进行调整。

➤ 如果下降中使用发动机防冰,增加50 kg

➤ 襟翼放下机动飞行,每分钟增加75 kg

已知下列数据,计算下降时间、燃油和距离（NAM）。

着陆重量	47500 kg
下降速度	0.74 M/250 NM/h
巡航高度	30000 ft

步骤1　从表格的左手栏的压力高度开始,读出时间、耗油和距离（NAM）:

| 时间 | 19.5 min |
| 耗油 | 277.5 kg（275 kg 或 280 kg 是可接受的） |

距离　　　　　92 NAM

当要求NGM时,需要使用中间高度的温度计算真空速。

使用上面的例子,假定温度偏差为0 ℃,风分量为+50 NM/h,则15000 ft(巡航高度的一半)高度上的温度为–15 ℃,当使用250 kt的表速下降时真空速为315 NM/h。用此真空速计算NGM,在本例中为107 NGM。

0.74 M/250 kt (Economy) Descent

PRESS. ALT. ft	TIME min	FUEL kg	AIR DISTANCE TRAVELLED NM LANDING WEIGHT kg				
			35,000	45,000	55,000	65,000	75,000
37,000	23	295	98	109	114	114	110
35,000	22	290	94	105	110	110	106
33,000	21	285	89	99	103	103	101
31,000	20	280	83	93	97	98	95
29,000	19	275	78	87	91	91	89
27,000	19	270	73	81	85	85	83
25,000	18	260	68	75	79	79	77
23,000	16	255	63	69	72	73	71
21,000	15	245	58	64	66	67	66
19,000	14	235	53	58	60	61	60
17,000	13	225	48	52	54	55	54
15,000	12	215	43	46	48	49	48
10,000	9	185	30	32	33	34	33
5,000	6	140	18	18	18	18	18
3,700	5	130	14	14	14	14	14

Figure 4.5.4a　Economy Descent

MRJT 例21　已知下列数据,计算下降时间、燃油和距离(NAM)。

着陆重量　　　　37500 kg
下降速度　　　　0.74 M/250 NM/h
巡航高度　　　　26000 ft
温度偏差　　　　–5 ℃
风分量　　　　　–20 NM/h

MRJT 例题答案

MRJT 例 1　　32200 ft

MRJT 例 2　　最佳高度　　　35100 ft
飞机磁航迹 145°对应的高度层为 FL 330 或 FL 370。
当假定最大操纵高度为 36000 ft 时,半圆规则高度层应当取 FL 330。
该高度比最佳高度低 2100 ft,通过插值:

　　　　LRC 燃油/里程损失　　　　1.15%
　　　　0.74 M 巡航　　　　　　　2.1%

MRJT 例 3　　24500 ft

MRJT 例 4　　29500 ft

MRJT 例 5　　燃油　　6600 kg
　　　　　　　时间　　2.8 h

MRJT 例 6　　燃油　　8700 kg
　　　　　　　时间　　4.5 h

MRJT 例 7　　燃油　　2680 kg
　　　　　　　时间　　0.9 h

MRJT 例 8　　燃油　　13200 kg
　　　　　　　时间　　 5.3 h

MRJT 例 9　　燃油　　12600 kg
　　　　　　　时间　　6.3 h

MRJT 例 10　　燃油　　1750 kg
　　　　　　　 时间　　0.79 h

MRJT 例 11　　燃油　　2800 kg
　　　　　　　 时间　　0.99 h

MRJT 例 12　　燃油　　1280 kg

MRJT 例 13　　答案 d　　1200 kg
使用备降数据 11 ft 非常靠近 MSL,取飞机高度 1500 ft,在 50000 kg 和 52000 kg 间插值,得到燃油流量 2400 kg/h,飞行 30 min 的燃油为该值的一半。

MRJT 例 14   时间   18 min

                   燃油   1600 kg

                   距离   98 NAM

                   真空速   376 NM/h

MRJT 例 15   时间   19.5 min

                   燃油   1475 kg

                   距离   110 NAM

                               101 NGM

                   真空速   379 NM/h

MRJT 例 16   时间   15.5 min

                   燃油   1225 kg

                   距离   79 NAM

                               86 NGM

                   真空速   359.5 NM/h

MRJT 例 17   400 NAM（计算值为 400 NAM）

MRJT 例 18   400 NAM（计算值为 4375 NAM）

MRJT 例 19   图 4.5.3.2（第 45 页）

                  表中的基本真空速为 438 NM/h，修正温度后的真空速为 448 NM/h。

航段	NAM	起始 NAM	结束 NAM	起始总重量	结束总重量	耗油（未进行温度修正）	耗油
A—B	717	4791	4074	61500 kg	57100 kg	4400 kg	4426 kg
B—C	482	4074	3592	57100 kg	54300 kg	2800 kg	2816 kg

MRJT 例 20   图 4.5.3.3（第 56 页）

                  表中的基本真空速为 460 NM/h，修正温度后的真空速为 435 NM/h。

航段	NAM	起始 NAM	结束 NAM	起始总重量	结束总重量	耗油（未进行温度修正）	耗油
A—B	734	4939	4205	63700 kg	58800 kg	4900 kg	4826 kg
B—C	778	4205	3427	58800 kg	53900 kg	4900 kg	4826 kg

MRJT 例 21   时间   18.5 min

                   燃油   265 kg

                   距离   72 NAM

                               67 NGM

第六章
CAP 697——中程喷气式运输机（MRJT）——其他运行

其他燃油计划（CAP 697第4节第71至79页）

其他可用的燃油计划资料包括：

图4.6.1	非正常运行——起落架放下转场飞行	1张图表（第71页）
图4.7.1a	临界燃油储备——一发不工作	1张图表（第73页）
图4.7.1b	临界燃油储备——全发工作	1张图表（第74页）
图4.7.2	运行区域——一发不工作改航距离	1张图表（第75页）
图4.7.3	飞行中改航（LRC）——一发失效	1张图表（第76页）
图4.8.1	燃油载运（LRC或0.74 M）	1张图表（第78页）
图4.8.2	燃油差价	1张图表（第79页）

起落架放下转场飞行（CAP 697第4节第71页）

该图与图4.3.1的使用方法相同，用于确定所需燃油和时间。

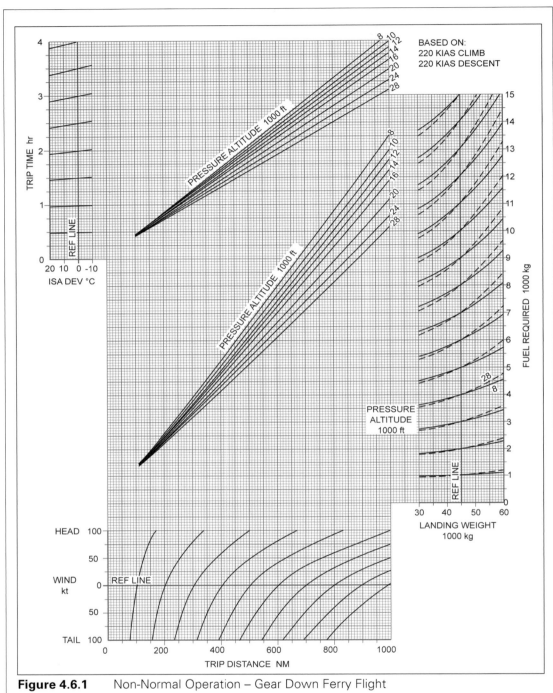

Figure 4.6.1   Non-Normal Operation – Gear Down Ferry Flight

问题1

已知下列数据，计算起落架放下转场飞行时间和所需燃油。

航段距离	600 NM
风分量	+50 NM/h

巡航高度层	FL 200
着陆重量	40000 kg
ISA偏差	−10 ℃

****

延程运行相关概念

1. 合适机场:是指达到CCAR121.197条规定的着陆限制要求且局方批准合格证持有人使用的机场,它可能是下列两种机场之一。

(1)合适机场是经审定适合大型飞机公共航空运输承运人所用飞机运行的,或符合其运行所需等效安全要求的机场,但不包括只能为飞机提供救援和消防服务的机场;

(2)对民用开放的可用的军用机场。

2. 构型、维修和程序(CMP):是指经局方批准的机体发动机组合为延程运行所要求的型号设计批准的文件。该文件包括最低构型、维修标准、硬件寿命限制和主最低设备清单(MMEL)限制和机组操作程序等运行要求。

3. 延程运行备降机场:是指列入合格证持有人运行规范并且在签派或放行时指定的在延程运行改航时可使用的合适机场。这一定义适用于飞行计划,对机长在运行过程中选择备降机场没有约束力。

4. 延程运行区域是指下列区域之一:

(1)对以双发涡轮发动机为动力的飞机,延程运行区域是指在标准条件下静止大气中以一台发动机不工作的巡航速度飞行时间超过60 min才能抵达一个合适机场的区域;

(2)对以两台以上涡轮发动机为动力的载客飞机,延程运行区域是指在标准条件下静止大气中以一台发动机不工作的巡航速度飞行超过180 min才能抵达一个合适机场的区域。

5. 延程运行进入点:是指延程运行航路的第一个进入点,即飞机在标准条件下静止大气中以一台发动机不工作的巡航速度飞行。

(1)对双发飞机,从进入点到合适机场的飞行时间超过60 min;

(2)对两台以上发动机的载客飞机,从进入点到合适机场的飞行时间超过180 min。

6. 延程运行合格人员:是指圆满完成了合格证持有人的延程运行培训要求、为合格证持有人从事维修工作的人员。

7. 延程运行关键系统:是指包括动力系统在内的飞机系统,当其失效或发生故障时会危及延程运行安全,或危及飞机在延程运行改航时的持续安全飞行和着陆的飞机系统。延程运行关键系统被分为一类和二类延程运行关键系统。

(1)一类延程运行关键系统为:

(i)具有与飞机的发动机数量提供的冗余水平直接关联的失效–安全特征;

(ii)是一个在发生故障或失效时可导致空中停车、丧失推力或其他动力丧失的系统;

(iii)能在一台发动机失效导致系统动力损失时提供额外的冗余,进而显著促进延程改航的安全性;

(iv)在一台飞机发动机不工作时保持长时间运行必不可少的。

(2)二类延程运行关键系统是除一类延程运行关键系统之外的延程运行关键系统。二类延程运行关键系统的失效不会导致航空器飞行性能的丧失或客舱环境问题,但可能导致航空器改航或返航。

8. 延程运行:是指飞机的运行航路上有一点到合适机场的距离超过 60 min 飞行(以双发涡轮为动力的飞机)或超过 180 min 飞行(以两台以上涡轮发动机为动力的客机)的运行。在确定航程时,假设飞机在标准条件下静止大气中以经批准的一台发动机不工作时的巡航速度飞行。

9. 空中停车(IFSD):是指发动机因其本身原因诱发、飞行机组引起或外部影响导致的失效(飞机在空中)并停车。这一定义仅适用于延程运行。即使发动机在后续的飞行中工作正常,局方仍将认定以下情形为空中停车:熄火、内部故障、飞行机组导致的停车、外来物吸入、结冰、无法获得或控制所需的推力或动力、重复启动控制等。但该定义不包括下列情形:发动机在空中失效之后立即自动重新点火,以及发动机仅仅是无法实现所需的推力或动力,但并未停车。

10. 最大改航时间:出于延程运行航路计划之用,指批准合格证持有人可使用的延程运行的最长改航时间。在计算最长改航时间时,假设飞机在标准条件下静止大气中以一台发动机不工作的巡航速度飞行。

11. 最大改航距离:在无风和国际标准大气条件下,在最长改航时间内,以经批准的一发停车的转场速度保持程序和相应的巡航高度(包括从开始的巡航高度下降到转场巡航高度)所飞越的距离,它只用于界定运行区域。

12. ETOPS 操作退出点(EXP):是指航线中的最后一个距一个适用的途中备降机场(如在 ETOPS 操作段之后的第一个适用的途中备降机场)1 h 航程的位置,即在国际标准大气条件下静止无风空气中以选定的单发停车转场速度飞行 1 h 的航路点。退出点标志着 ETOPS 操作航段的结束。

13. 等时点(ETP):是飞机航路上的一个点,从这个点的位置到两个合适机场的飞行时间相同(考虑当日的风力与温度条件)。

14. 单发停车后的巡航速度/转场速度:在 ETOPS 操作中,单发停车后的巡航速度(转场速度)是由营运者选择,并由营运管理机构批准的马赫/指示空速。这种速度可以是在飞行限制内的任意速度。对于指定营运区域的单发停车转场速度,应根据剩余发动机的推力是等于最大连续推力还是小于此推力,从飞机取证使用速度限制内,即在最小机动速度和最大取证使用速度内取值。

15. ETOPS 操作临界点(又叫关键点 CP):是指 ETOPS 航路的许多等时点(ETP)中的一个点,从该点如果开始实施改航时必须满足在该点的 ETOPS 运行临界燃油要求。

ETOPS 运行燃油政策

第 121.726 条航路运行阶段燃油供应

(a)任何人不得签派或放行安装两台以上以涡轮发动机为动力的飞机在所有发动机工作的巡航速度下实施距合适机场航程超过距离合适机场 90 min 的运行,除非满足下列燃油供应要求:

(1)飞机带有足够的燃油,能满足本规则第 121.661 条的要求;

(2)飞机带有足够的燃油,能飞抵合适机场:

(i)假设飞机在最关键临界点发生释压;

(ii)假设飞机下降到符合本规则第 121.333 条中的氧气供应要求的安全高度;

(iii)考虑预期风的条件和其他天气条件。

(3)飞机有足够的燃油,能下降到高于机场 1500 ft(450 m)的高度等待 15 min,然后完成正常的进近和着陆。

（b）任何人不得签派或放行飞机实施延程运行，除非在考虑了风的条件和预期的其他天气条件之后，满足本规章燃油要求外，还要有足够的燃油满足下列每一项要求：

（1）有足够的燃油飞抵一个延程运行备降机场：

（i）为补偿发动机失效和迅速释压引起的油耗，飞机携带的燃油量应当是下列燃油量中的较多者：

（A）在下列条件下飞抵一个延程运行备降机场的充足的燃油：假设在最困难大型飞机的临界点飞机迅速释压，然后下降到符合本章第121.333条的氧气供应要求的安全高度；

（B）在下列条件下飞机以在一台发动机不工作的巡航速度飞抵一个延程运行备降机场的充足的燃油：假设飞机在最关键的临界点迅速释压的同时发动机失效，然后下降到符合本规则第121.333条的氧气供应要求的安全高度；

（C）在下列条件下飞机以在一台发动机不工作的巡航速度飞抵一个延程运行备降机场的充足的燃油：假设在最关键的临界点发动机失效，然后飞机下降到一台发动机不工作的巡航高度。

（ii）补偿预报风的偏差引起的油耗。在计算本条第（b）（1）（i）项要求的燃油量时，合格证持有人应当将预报风速增加5%（结果是逆风风速增加或顺风风速降低），以解决预报风的任何可能偏差。如果合格证持有人没使用局方接受的基于风模型的实际预报风，飞机携带的燃油量应当比本条第（b）（1）（i）项规定的燃油多5%，作为补偿预报风偏差的燃油储备。

（iii）防冰所需燃油。在计算本条第（b）（1）（i）项要求的燃油量时［在完成本条第（b）（1）（ii）项的预报风偏差所需燃油计算之后］，合格证持有人应当确保飞机携带的燃油量是下列规定的燃油量中的较多者，以便为改航过程中预期的防冰提供燃油。

（A）在10%的预报结冰期因机身结冰需要消耗的燃油（包括这一期间发动机和机翼防冰所消耗的燃油）；

（B）在整个预报结冰期发动机防冰和必要时机翼防冰所需燃油。

（iv）因发动机性能恶化需要增加的油耗。在计算本条第（b）（1）（i）项要求的燃油量时［在完成本条第（b）（1）（ii）项的预报风偏差所需燃油计算之后］，飞机还需携带相当于上述燃油量5%的额外燃油，用于补偿巡航过程中因发动机燃油燃烧性能恶化增加的油耗，除非合格证持有人制定了一个方案，能够按照巡航燃油燃烧性能标准监控飞机空中运行性能恶化趋势。

（2）等待、进近和着陆所需燃油。除了本条第（b）（1）项所需燃油之外，飞机应当携带足够的燃油，能让飞机在接近一个延程运行备降机场时下降到高于机场1500 ft（450 m）的高度等待15 min，然后完成仪表进近和着陆。

（3）使用辅助动力装置增加的燃油。如果辅助动力装置是必需的动力源，则合格证持有人应当在适当的运行阶段考虑其油耗。

****

延程飞行（CAP 697第4节第72到76页）

这一节的三张图表提供了以下计划信息：

➤ 临界燃油储备

➤ 运行区域——改航距离

➤ 飞行中改航（LRC）

临界燃油储备—— 一发不工作(CAP 697第4节第73页)

该图用于确定等时点(临界点)处的最低燃油储备。如果燃油储备超过该点的计划剩余燃油,那么燃油装载必须进行相应的调整。

使用图4.7.1a(第73页),应注意该图基于以下条件:

➤ 紧急下降至10000 ft

➤ 在10000 ft水平巡航

➤ 以250 NM/h下降至1500 ft

➤ 一次复飞、进近和着陆

➤ 5%的风误差修正

➤ 包含APU耗油

图表底部的修正与前面章节中的修正相似。

➤ 每高于ISA10 ℃,所需燃油增加0.5%

➤ 如果存在结冰情况,考虑到发动机和机翼防冰打开以及未加热表面上的积冰,燃油消耗增加20%

➤ 未考虑性能衰退

➤ 比较该图的所需燃油和双发工作的临界燃油,取其中较大值。

问题2

已知下列数据,计算所需的临界燃油储备。

临界点处的重量	50000 kg
FL 100上的大气条件	ISA+20 ℃
风分量	–50 NM/h
临界点到改航机场的距离	700 NM

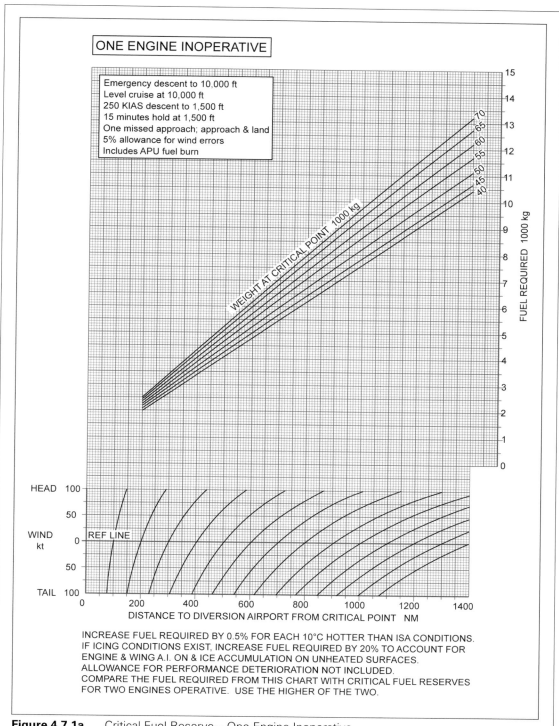

Figure 4.7.1a　Critical Fuel Reserve – One Engine Inoperative

临界燃油储备——全发工作（CAP 697 第4节第74页）

图4.7.1b的使用方法与图4.7.1a完全相同，仅有的不同是防冰修正量减小为18%。

运行区域——改航距离（一发不工作）（CAP 697 第4节第75页）

图4.7.2针对运营人被批准进行延程运行（ETOPS）的区域。在静风和ISA条件下，从航路上任意一点以单发巡航速度飞抵改航机场的时间必须在被批准的时间内。

例子

已知下列数据，确定航路上任意一点到改航机场的改航距离。

速度	0.74/290
改航重量	45000 kg
时间	120 min

步骤1　从表左边的速度和改航重量开始。

步骤2　在表的顶端选择时间。

步骤3　从两者相交的地方读出改航距离792 NM。

Speed M/KIAS	Div. Wt 1000 kg	TIME MINUTES														
		60	70	80	90	100	110	120	130	140	150	160	170	180	190	200
.70/280	35	406	472	539	605	672	738	805	871	938	1004	1071	1137	1204	1271	1337
	40	402	467	533	598	663	729	794	860	925	990	1056	1121	1187	1252	1318
	45	397	462	526	590	654	718	782	846	910	975	1039	1103	1167	1231	1295
	50	392	454	517	580	642	705	768	830	893	956	1018	1081	1144	1207	1269
	55	385	446	507	568	630	691	752	813	875	936	997	1058	1119	1181	1242
	60	377	437	497	557	616	676	736	796	855	915	975	1035	1094	1154	1214
	65	369	427	486	544	602	660	718	776	835	893	951	1009	1067	1125	1183
	70	363	419	476	532	589	645	702	758	815	871	928	985	1041	1098	1154
.74/290	35	412	478	545	612	678	745	811	878	945	1011	1078	1145	1211	1278	1345
	40	409	474	540	606	672	737	803	869	935	1000	1066	1132	1198	1263	1329
	45	404	469	533	598	663	727	792	856	921	986	1050	1115	1180	1244	1309
	50	400	463	526	590	653	717	780	844	907	970	1034	1097	1161	1224	1288
	55	393	455	517	579	641	704	766	828	890	952	1014	1077	1139	1201	1263
	60	386	447	508	568	629	690	751	812	872	933	994	1055	1116	1176	1237
	65	378	437	497	556	615	675	734	793	853	912	971	1031	1090	1149	1209
	70	372	430	488	546	603	661	719	777	835	893	950	1008	1066	1124	1182
.74/310	35	415	482	548	615	681	748	814	881	948	1014	1081	1147	1214	1280	1347
	40	413	479	545	611	677	743	810	876	942	1008	1074	1140	1206	1272	1338
	45	410	476	541	607	672	737	803	868	933	999	1064	1130	1195	1260	1326
	50	407	472	536	601	665	730	794	859	923	988	1052	1116	1181	1245	1310
	55	402	466	529	592	656	719	783	846	908	973	1036	1100	1163	1226	1290
	60	397	459	521	583	646	708	770	833	895	957	1019	1082	1144	1206	1269
	65	391	452	513	574	635	696	757	818	879	940	1002	1063	1124	1185	1246
	70	385	445	505	565	625	685	744	804	864	924	984	1044	1103	1163	1223
.74/330	35	416	482	548	614	680	746	811	877	943	1009	1075	1141	1207	1273	1339
	40	415	481	547	613	678	744	810	875	941	1007	1072	1138	1204	1270	1335
	45	414	480	545	610	676	741	806	871	937	1002	1067	1133	1198	1263	1328
	50	412	477	542	607	671	736	801	865	930	995	1059	1124	1189	1254	1318
	55	408	472	536	600	664	728	792	856	920	984	1048	1112	1176	1240	1304
	60	404	467	530	593	656	719	783	846	909	972	1035	1098	1161	1224	1287
	65	399	461	523	586	648	710	772	834	896	958	1020	1082	1144	1207	1269
	70	395	457	518	579	640	701	762	823	884	945	1006	1067	1128	1190	1251
LRC	35	368	428	488	548	608	668	728	787	847	906	965	1024	1083	1141	1200
	40	372	433	493	554	614	674	735	794	854	914	973	1032	1092	1151	1209
	45	376	437	497	558	619	679	739	799	859	919	979	1038	1097	1157	1216
	50	379	440	501	561	622	682	742	803	862	922	982	1041	1101	1160	1219
	55	380	441	502	562	623	683	743	803	863	922	982	1041	1100	1159	1218
	60	381	442	503	563	624	684	744	804	863	923	982	1041	1100	1159	1218
	65	381	442	503	563	623	683	742	802	861	921	980	1038	1097	1156	1214
	70	383	444	504	564	623	683	742	802	860	919	978	1036	1094	1152	1210

ISA
BASED ON DRIFTDOWN STARTING AT OR NEAR OPTIMUM ALTITUDE

Figure 4.7.2　Area of Operation – Diversion Distance One Engine Inoperative

问题3　填写下表中的改航距离。

速度	改航重量	100 min	120 min	160 min
0.70/280	55000 kg			
0.74/290	45000 kg			
0.74/330	60000 kg			
LRC	35000 kg			

飞行中改航(LRC)—— 一发不工作(CAP 697第4节第76页)

图4.7.3用于计算从改航点到备降场的所需燃油和时间。

该图的使用方法与图4.3.1完全相同。

燃油载运和燃油差价(CAP 697 第4节第77至79页)

世界各地机场的燃油费用不同。当目的地的燃油比起飞机场贵很多时,可考虑携带额外的燃油。这部分燃油随后被用于返程飞行或飞往其他地区。

CAP 697中给出了两张燃油载运图表:

➤ 长航程巡航

➤ 0.74 M巡航

这些图表用于计算飞机重量增加造成的多带燃油损耗百分比。

使用LRC巡航的样例:

航程距离	1600 NM
巡航高度	FL 330
着陆重量	42500 kg

步骤1　　从图上的航程距离开始水平右移至压力高度线。

步骤2　　垂直下移至着陆重量参考线,然后平行于影响线至着陆重量,读出多带燃油损耗13.2%。

记住这是额外携带燃油的百分比而不是所携带总燃油的百分比。

用该数据查79页上的燃油差价图。

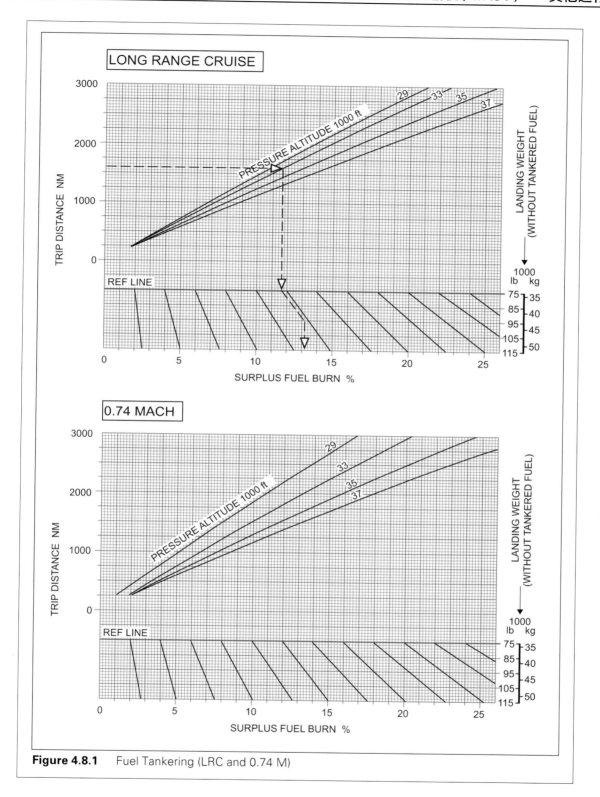

Figure 4.8.1　Fuel Tankering (LRC and 0.74 M)

例子

使用前面例子计算的数据13.2%。如果起飞机场的价格是100 cents/gal, 平衡点价格是多少?(忽略图上样例。)

步骤1　从多带燃油损耗(13.2%)开始。

步骤2　垂直向上至100 cents的起飞机场燃油价格,接着水平左移读出目的地机场的平衡点燃油价格。

115 cents/gal

问题4　计算一架以LRC方式飞行的飞机的多带燃油损耗百分比和目的地机场的平衡点燃油价格。

巡航高度	FL 290
航程距离	2500 NM
着陆重量	45000 kg
起飞机场燃油价格	100 cents

问题5　计算一架以LRC方式飞行的飞机的多带燃油损耗百分比和目的地机场的平衡点燃油价格。

巡航高度	FL 370
航程距离	1500 NM
着陆重量	40000 kg
起飞机场燃油价格	75 cents

其他运行答案

问题1
燃油	5500 kg
时间	1 h 51 min

问题2　7070 kg

问题3

速度	改航重量	100 min	120 min	160 min
0.70/280	55000 kg	630	752	997
0.74/290	45000 kg	663	792	1050
0.74/330	60000 kg	656	783	1035
LRC	35000 kg	608	728	965

问题4
多带燃油损耗	19.8%
平衡点燃油价格	125 cents

问题5
多带燃油损耗	14.7%
平衡点燃油价格	88 cents

第七章
杰普逊航路手册介绍

简介

飞行计划考试需要使用《杰普逊学生航路手册》。因此需要了解怎样才能在《杰普逊学生航路手册》中迅速且准确地找到需要的信息。这章就是帮助大家浏览这个手册的结构。

注:《杰普逊学生航路手册》就是考试中要使用的手册。这个手册是一个"工作手册",因此可以在航图上留下铅笔标记,允许着重标出航图边缘的经纬度坐标,并建议标出格林尼治子午线。但不要在手册上做任何其他标记和记录公式,考试中可能会用来检查或被替换。并且手册中的航图不是最新的,不能用于实际导航,此手册只是用于JAR ATPL考试的辅助工具。

这本手册分为6个部分:

> 简介
> 航路部分
> 高空部分
> 空中交通管制
> 终端区
> 目视飞行

杰普逊手册介绍

内容表

这部分内容使用杰普逊手册中和飞行计划考试相关的部分。这部分没有缺页。为了保留原始的页码,使得手册中有些部分看起来是空白的。例如,航图术语在手册中是从第1页到第14页,下一页是简缩字,但页码却标为41。

航图术语
（杰普逊手册,1—14页）

航图术语提供了航空类出版物上常见术语的定义。在这部分用户可以找到任何需要的定义。手册中没有给出航图术语定义的解释。出于考试的目的,手册有助于学生阅读和理解相关定义。

简缩字

（杰普逊手册，41—45页）

杰普逊手册中用到的简缩字都可以在这部分找到。

航路图图例——总则

（杰普逊手册，51—70页）

杰普逊航路图构图采用的是：

> ➢ 兰伯特正形圆锥投影
> ➢ 所有可用的航空学和地形学方面的资料

每张图使用的是：

> ➢ 世界范围内的字母代码
> ➢ 字母给出了高度范围
> ➢ 每个独立的图都有相关的编号

例如：P(H/L)2

这张图为太平洋地区航图系列的第2张图，用于低空和高空飞行。

打开手册的航路部分并选择第1张图——E(LO)1A

航图代码

图7-1中1A表示欧洲系列，E(LO)表示用于低空飞行。

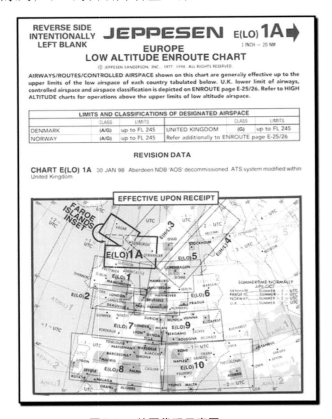

图7-1 航图代码示意图

覆盖面积

在图上面的矩形框中显示了这是一张欧洲航图和图的代码编号。如果需要西班牙和葡萄牙的图，可以使用E（LO）8。

一个矩形框显示了这张图的覆盖范围。注意这种图的覆盖范围包括五部分：

➢ Glasgow

➢ Prestwick

➢ Sumburgh

➢ Stavanger

➢ Vagar

在图的顶部有个矩形框，里面写着"EFFECTIVE UPON RECEIPT"。当一些重要变化生效时，在显示日期的地方会给出图的生效日期。

其他信息

在这部分的第一页给出了图上有效国家低空空域覆盖范围的详细信息。空域的划分也包括在这些信息中，如图7-2所示。

在覆盖范围的前面列出了最新印刷的图的修订日期。在这个图中，Aberdeen NDB台从1998年1月30日失效。当航路图修订日期之间有重要变化时，用航行通告（NOTAMs）加以补充。航路图的修订日期定为星期五。

航图的比例尺在航图代码的下面。

通信

通信可以通过两种方式来显示：

➢ 在航图上标出

➢ 在折页图的最后一折列表给出

LO图上提供终端区的通信。

图上每个空域的通信要求在这个图上都已列出。

例如：　　　　　Perth

　PERTH, U.K. EGPT　　　　　　　　p1D

　　Scone. Perth *Rdo 119.8

➢ 最上面一行给出了空域的名称，国家和ICAO的识别代码。识别代码的右边是图的代码p1D（这章后边会给出它的解释）。

➢ 下面一行以正规文本的形式给出了识别名称，并以粗体字给出了无线电通信呼叫信号和频率。星号（*）的含义是这个空域只是部分时间开放。这个信息的文本解释在罗列空域的上方。

无线电应答器的设置

在空域的下面列出了需要的 SSR 程序和在这个国家覆盖范围内使用的巡航高度。注意无线电应答器的设置涉及航路部分 E–17/18 页的内容,但在这个手册中并没有。

巡航高度

在无线电应答器设置的下面是和巡航高度相关的内容。注意在这个图上,英国是四分之一圆周程序,其他国家是半圆系统。

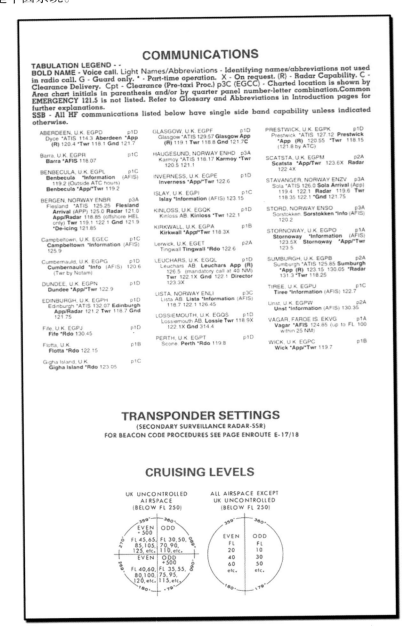

图 7-2　其他信息示意图

航图

打开航图。下面显示的是航图顶部的插图,如图7-3所示。

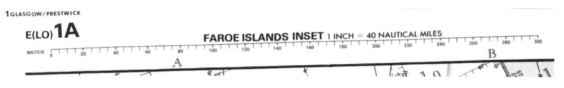

图7-3　航图顶部部分示意图

图顶部的左上角是:

1 GLASGOW/PRESTWICK

在图的前面可以找到,这是图上所示位置的名称也是图的编号。在这里是第一幅图。

如果把整幅图打开,在图的顶部会找到三个地方的名字:

1. Glasgow/Prestwick

2. Sumburgh

3. Stavanger

前面的图上唯一漏掉的就是Vagar。这可以在Glasgow/Prestwick图的下面的插图Faroe岛上找到。

这些数字涉及图的编号。注意,在图顶部的比例尺下面,有字母A和B。这些字母按照顺序重复使用,如ABABA。

在图的底部是字母CDCDC。

用这些字母作为图的编号,可以在通信图上快速地找到列出的空域。

打开航图只能看到Scotland。这里有4个图(每个折叠就是一个图)。在图的顶部,有两个字母AB,在图的底部有两个字母CD。

使用通信列表中的Perth,图的代码是p1D。使用这个代码:

1. p1指的是图的编号。

在图顶部的左上角是1 GLASGOW/PRESTWICK。

这意味着打开的图是第一幅图。

2. D指的是底部右边的信息框。

3. 在这个信息框中可以找到Perth。

比例尺

图的比例尺写在航图代码的下方。这幅图的一般比例尺是1 in = 20 NM。任何偏差在图上都已列出。比如,插图Faroe岛的比例尺是1 in = 40 NM。为了方便起见,你可以在图的顶部和侧边找到比例尺。

度量单位(除非有其他说明)

度量单位	
方位和航向	磁方位
航路距离	海里
垂直高度	到平均海平面的距离,单位用英尺
航路高度	平均海平面以上用英尺(基于QNH)或者表达为飞行高度层(FL),高度表的设置为29.92 in 或1013.2 hPa
时间	世界协调时(UTC),除非标明了当地时(LT)

交通拥挤

一些大城市的空域,在航路图上没有航路以外的任何信息。这些区域有大比例尺的区域图,在区域图上有需要的任何信息。这些区域图应用于进出该区域机场的所有飞行(区域图在进场和离场图部分会介绍)。可用的区域图可以通过两种方式识别:

➤ 在区域图的封面页上以蓝色的阴影区标出,或

➤ 航路图上的位置名称和机场代码用粗点划线标注。

航图符号
(杰普逊手册,52—74页)

使用的航图符号有

➤ 双色航图使用蓝色或绿色。

➤ 单色航图只使用蓝色。

要对航图符号有一个完整深入的理解就必须对照航图参看这部分内容。

手册的第57页非常有用,使用手册时应该从此页开始。

所有的罗经刻度和磁北一致。沿着图的边缘可以找到磁差。注意:NDB台没有罗盘方位刻度,但有磁差箭头。

****

中国航图图例补充如下。

一、机场/直升机场

◇	民用机场	◉	军用机场
◈	军民合用机场	○	军用备降机场
◈	民用直升机场	广州/白云 15	城市名/机场名 机场标高（m）

二、无线电导航设施

	甚高频全向信标合(VOR)和测距仪(DME)合装	哈密 115.1 HM CH 98X N42 50.0 E93 38.3	VOR/DME数据框 台名 频率(MHz)、识别 莫尔斯电码 测距频道 地理坐标
	甚高频全向信标台(VOR)	九洲 117.2 ZAO N22 14.8 E113 36.7	VOR数据框 台名 频率(MHz)、识别 莫尔斯电码 地理坐标
	无方向性无线电信标台(NDB)	奇台 300 HJ N44 01.0 E89 38.0	NDB数据框 台名 频率(kHz)、识别 莫尔斯电码 地理坐标
	VOR/DME与DNB在同一位置	宁陕 116.3 NSH CH 110X N33 19.2E108 18.8 402 RQ N33 19.4E108 18.7	VOR/DME/NDB数据框 VOR/DME数据（蓝色） NDB数据（绿色）

三、边界线

	国界		进近管制区、终端管制区边界
	飞行情报区边界		管制扇区边界
	飞行情报区边界(未定界)		区域管制区边界

四、航路和航线

G212	航路、航线 （双向）	J527	航路 （双向）
W64	（单向）	B458	（单向）
	脱离航线	276(149) 5122	该航路不使用此报告点 航段距离为该飞越点两端 航段距离之和

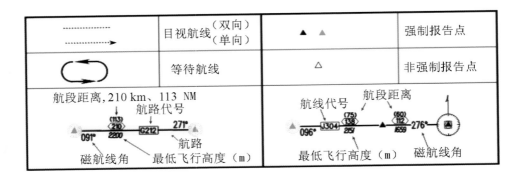

五、其他

1 88	网络最低安全高度 （单位：10 m）	大连管制区 123.2 ·132.55 H24 122.15 ·132.55 09-20	空中交通管制 甚高频(MHz)备用频率及开放时间 垂直范围 高频(kHz)及开放时间
— 1° W —	等磁差线（西磁差1°）		
㉔	注记编号		限制空域
❹	走廊及编号和宽度		
	区域图范围	ZP(R)418 14000M GND H24	限制空域数据 编号(P禁区、D危险区、R限制区) 限制高度(上限)(下限) 限制时间

****

B类空域图图例
（杰普逊手册,75页）

使用美国的低空航路图,会发现有一些细微的差别。这页给出了一个例子。这个图描述了美国B类空域的水平和垂直高度的限制。B类空域图只包括适合这个区域的IFR和VFR飞行程序。

进离场图图例

（杰普逊手册,81—82页）

后边的章节将给出这几页提到的进离场图的更进一步的解释。这几页的图例同样也需要进一步学习。

****

中国机场进场图说明如下：

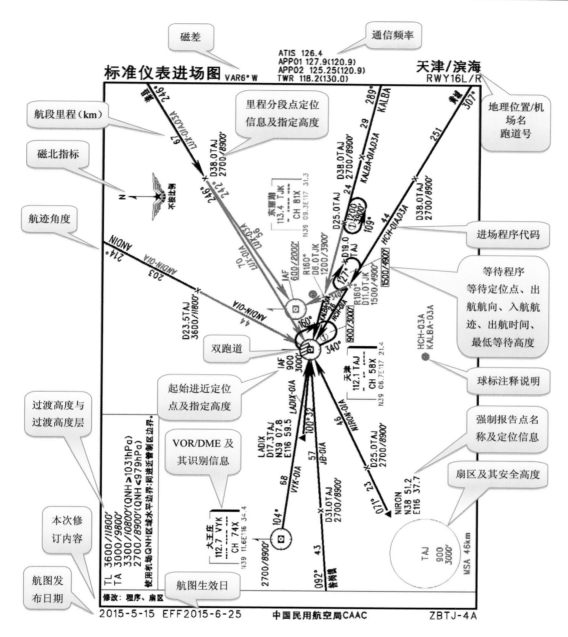

进离场图和下降剖面图图例

（杰普逊手册，83—84页）

后边的章节将给出这几页提到的进离场图的更进一步的解释。就像这几页的图例还需要进一步学习。注意：84页只涉及 USA FAA。手册中的终端区部分包括了纽约。

进近图图例

（杰普逊手册，101—148页）

和进离场图一样，进近图的解释也放在后边的章节。

这些图的图例跟上面的一样需要理解。

****

中国机场进近图(以非精密进近图为例)说明如下:

一、标题部分

标题部分包含仪表进近图的基本标识和程序代码以及机场标高、磁差以及相应的通信信息。

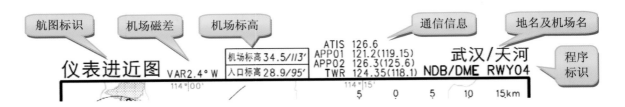

二、平面图部分

平面图部分描述仪表进近程序的平面布局,包含从起始进近定位点开始到复飞航段完整的仪表进近程序,以及必要时应公布的等待程序。此外,平面图部分还包含扇区最低安全高度、制图比例尺、地理坐标以及地形障碍物等信息。

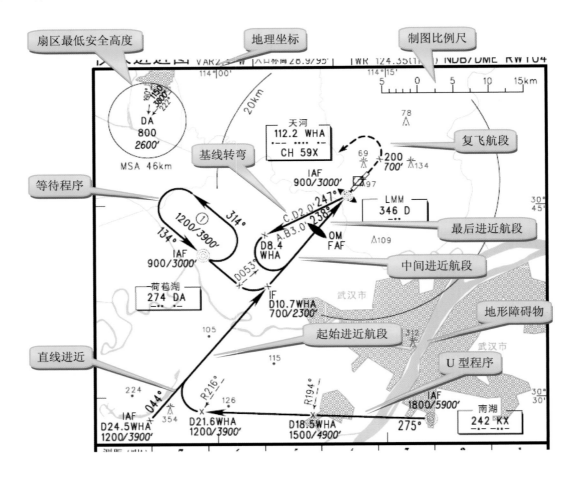

三、剖面图部分

剖面图部分描述仪表进近程序的侧视图布局,标绘仪表进近程序实施过程中的下降剖面,包含仪表进近程序各重要节点的位置、最低下降高度和最低超障高度、最后进近阶段的下滑角或下降梯度、过渡高度和过渡高度层以及复飞程序的完整文字描述。此外,如有适当的 DME 台,还可以包含一组 DME 距离与建议的下降高度对照表,用于非精密进近程序下降过程中的高度参考。

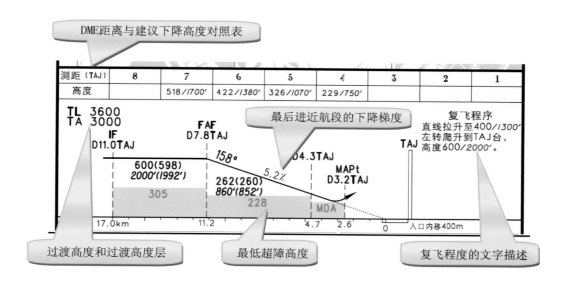

四、最低着陆标准及其他

剖面图下方是仪表进近和目视盘旋的最低着陆标准,以表格的形式分别列出不同类别航空器在执行不同飞行程序时所要求的最低着陆标准,包含最低下降高度/高或决断高度/高、能见度或跑道视程。

ICAO 推荐的机场和跑道识别标志
（杰普逊手册,161—166页）

这几页将给出机场表面的标志。这些标志和图片更多的是和航空法规的提纲相关,而不是和飞行计划的课程提纲相关。

覆盖范围文本

(杰普逊手册,201页)

这页给出了各种区域的覆盖范围文本和简缩字。

进近图新格式说明

(杰普逊手册,新格式页码1—5页)

这几页给出了简令条概念的新格式。这些图的图例也会在后边的章节解释,同时也是需要知道的。

第八章
杰普逊航路手册——航路

简介

航路部分包括:

➤ 3个欧洲的低空航路图

➤ 1个美国的高空航路图(不考)

➤ 2个美国的低空航路图(不考)

在这章将解释这3类图。

欧洲——低空航路图

为了解释,我们使用图E(LO)1。打开这个图就完全地打开了第一个折图。为了说明图的标志和含义,我们使用航路B1,从AKELI(N5400 W01000)开始。如果有57页对这章的介绍会更有帮助,如图8-1所示。

第一个标志是实心的三角(▲),代表AKELI是强制报告点。

在强制报告点的右边有个数字105°,代表的是从这点到下一个重要位置CONNAUGHT的航迹。

大概在AKELI和CONNAUGHT的中间有一列数字:

42

B1

5000
3900a

42　　　　代表AKELI和CONNAUGHT之间的距离是42 NM

B1　　　　是航路代码——Bravo 1

5000　　　是指航路的最低安全高度(MEA)为5000 ft

3900a　　是指航路最低偏航高度(MORA)是3900 ft

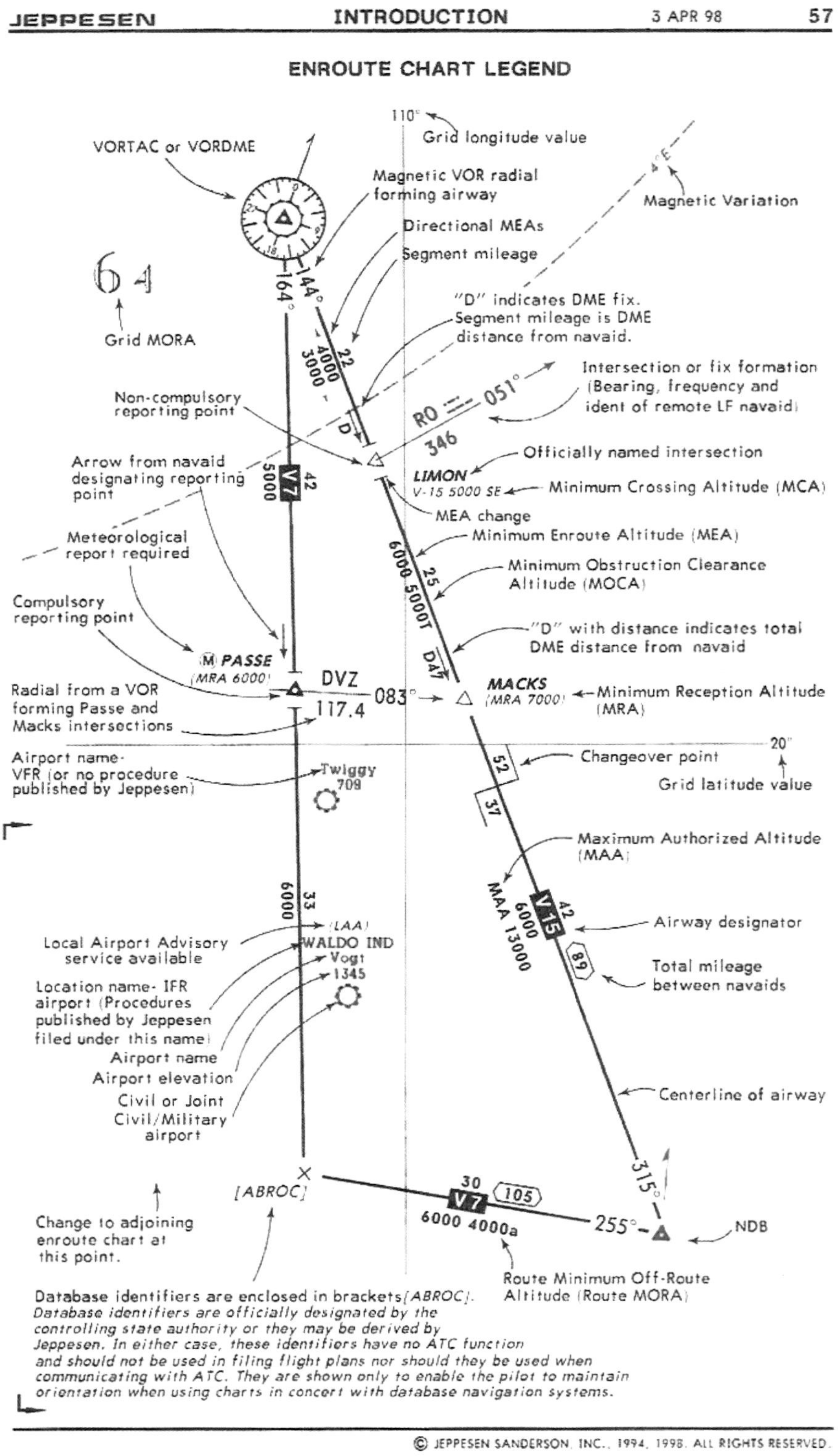

图8-1　杰普逊航路手册57页

下一个强制报告点是一个VOR台,注意一个大的蓝色箭头指向这个点。

```
┌ CONNAUGHT ─┐
│ ᴰ117.4CON   │
└ N53 54.8 W008 49.1
```

在53页找到这个VOR台的解码:

CONNAUGHT	信号台的名称
ᴰ	意味着DME可用
117.4	VOR台的频率
CON	VOR台的三个识别字母
–.–. ––– –.	三个字母的莫尔斯代码
N53 54.8 W008 49.1	信号台的经纬度

注意去AKELI的磁航向已经给出,是285°。

因为这是一个低空图,CONNAUGHT机场在55页的图上用国际机场标志显示。机场周围是绿色虚线圆圈,代表的是管制地带。管制地带的限制如图所示:

$$\frac{4500}{\text{CTR}(\text{C})}$$

对于管制地带,最低限制高度是地面,最高限制高度是4500 ft。括号中的字母给出了空域的类型。在这个例子中(C)代表了该限制空域是C类空域。

在该空域的西南方设置有NDB台,在西北方有当地的信标。
信号台的频率可以在方框中找到,如下所示:

CONNAUGHT
665
398 <i>OK</i>
364 <i>KNK</i>

665	机场的标高是665 ft。
398 OK	当地信号台的频率和两个字母的识别代码,一个绿色箭头从这儿指向信号台。
364 KNK	西南方的信号台的频率和三个字母的识别代码。

从东指向机场的标志(像一个飞镖)显示了定位信标的方向。

沿着航路,到下一个强制报告点的磁航向是113°。在此航线上的第一个标志是:

两个地点之间的总里程;在这个图上指CONNAUGHT到DUBLIN的距离。这个距离是55、18和20的总和。

在去DUBLIN的航路上写着:

SHANNON CTA（A）

FL 200 and below（C）

意思是这个航路在SHANNON的管制区：

> 飞行高度层在FL 200以上属于A类空域

> FL 200及以下属于C类空域

下一个标志：

Δ   空心三角形代表按要求报告点——RANAR。沿着航线会发现另一个按要求报告点 TIMRA。这些报告点经常出现在航线交叉处。

在DUBLIN,沿着磁航向130°飞,即航路B39。TOLKA指FIR边界（SHANNON到LONDON）。航线上下一个标志是：

X   代表没有命名的里程中断,在此经纬度下面是[DUB56]。

[DUB56] 是导航设施数据识别代码。这是Jeppsen获得的,无论是用于何种目的的飞行都不能使用。

TOLKA和DUB之间的距离是21 NM,里程指示右边是：

❺   在图上可以发现框里的数字给出的都是航路上的限制或额外信息。如果你看标志的南方大概40 NM的地方,就会发现我们要找的方框中的信息。

这段航路只有在当地时17:00至09:00（冬天）或18:00至08:00（夏天）和周末及节假日可用。因为这段航路通过危险区EG（D）-202,该危险区在显示的时间内从海平面到6000 ft的高度内是有活动的。而且通过该危险区——无人驾驶的目标区从海平面到60000 ft的高度内也是有活动的。

沿着航路下一个重要标志是：

虚线形成一个粗糙的方形。沿着虚线到方框的东北角,会发现以下的文字：

For complete information see
MANCHESTER U.K.
EGCC AREA

虚线部分的区域很难在这个图上解释,其完整的信息需看MANCHESTER U.K.的区域图。

航路练习1

使用航图E(LO)5

某飞机从RAMMEFE（N56 28.7 E008 11.3）飞往SPUKERBOUR（N52 32.4 E004 51.2）。航路为A7 EEL G10 SPY。

问题1   RAM的频率是多少?

问题2   飞往VESTA能在FL190高度层飞吗? 如果不能,为什么?

问题3   在从VES到TUSKA的航线上,下列符号代表什么?

a. 3500T

b. ← D

问题4 Bremen 属于哪类空域？
问题5 VES 和 EEL 之间的总距离是多少？
问题6 在JUIST，飞机能沿着航路R12直接飞往SPY吗？

航路练习2

使用航图 E（LO）1 和 2

一架飞机从 DUBLIN EIDW（N53 25 W006 16）经 R14 STU G1 BCN A25 飞往 DINARDLFRD（N48 35 W002 05）。

问题1 给出导航设备 KLY 的全部详细信息。
问题2 KLY 到 STU 的距离是多少？
问题3 VATRY 和 STU 之间的 MEA 是多少？
问题4 给出机场 Haverfordwest（大约在 STU 以南 10 NM 处）的全部详细信息。
问题5 在 G1 航路上，从 STU 到 AMMAN 的距离是多少？
问题6 给出导航设备 Brecon BCN 的详细信息。
问题7 在 BCN 和 EXMOR 之间，飞越 Cardiff 机场，有哪些无线电导航设备？
问题8 在 EXMOR，如何获得飞机位置的交叉固定点。
问题9 沿航路 A25 飞，在 BCN 和 BHD 之间的最低连续 MEA 是多少？
问题10 BCN 和 BHD 之间的距离是多少？
问题11 在 BHD 附近的网格最低偏航高度（MORA）是多少？
问题12 沿航路 A25 从 BHD 到 DIN 的 QDR 是多少？
问题13 到达 SKERY 时频率应该转换为多少？
问题14 列出 GUERNSEY 的所有导航设备。
问题15 沿航路 A25 从 LERAK 到 DIN 的距离是多少？

航路练习3

使用航图 E（LO）5 和 6

回答下面这些独立/不相关的问题。

问题1 参考图 E（LO）5，在 ROE（N55 04 E014 45）和 DOXON（N55 26 E018 10）之间连续的最低 MEA 是多少？
问题2 参考图 E（LO）5，描述 Denko DRE（N52 49 E015 50）的所有导航设备。
问题3 参考图 E（LO）5，沿航路 B45 在 CZE（N52 07 E016 43）和 DRE（N52 49 E015 50）之间的最大飞行高度层为多少？
问题4 参考图 E（LO）5，在（N54 12 E016 10）中心上 EP（R）-73 的垂直限制是什么？
问题5 参考图 E（LO）5，沿航路 B45 向北飞，当飞越 CHO（N53 28 E015 21）时，报告飞机位置应该使用什么频率和单位？

问题6　　　　参考图 E(LO) 6,沿航路 B24 在 NEBRU (N49 59 E002 15)和 BNE (N50 37 E001 54)之间的最低连续 MEA 是多少?影响该航路的其他限制是什么?

问题7　　　　参考图 E(LO) 6,沿航路 W719,BAY (N49 59 E011 38)和 WUR (N49 43 E009 57)之间的距离是多少?

问题8　　　　参考图 E(LO) 6,描述导航设备 KTG (N49 44 E010 12)的完整信息。

问题9　　　　参考图 E(LO) 6,沿航路 W94,GOT(N51 20 E011 35)和 WUR (N49 43 E009 57)之间的磁航迹和距离是多少?

问题10　　　参考图 E(LO) 6,在 BAY (N49 59 E011 38)和 NTM (N50 01 E006 31)之间的最短可接受航路距离是多少?

航路练习答案

航路练习1

问题1　　　　112.3 MHz。

问题2　　　　不能。"E>"的意思是飞行高度层为偶数的必须飞往 VES。

问题3　　　　a. 最低越障高度是 3500 ft。

　　　　　　　b. 指设置有 DME。

问题4　　　　属于 E 类空域。

问题5　　　　157 NM。

问题6　　　　不能。因为航路 R12 是指向 JUIST 的航路。

航路练习2

问题1　　　　NDB,378 kHz,识别码 KLY,非强制报告点。

问题2　　　　86 NM。

问题3　　　　FL 110。应该认为 MEA 为最低可用的飞行高度层,记住半圆飞行规则和飞行方向。

问题4　　　　民用机场,标高 152 ft,NDB 部分时间开放,频率 328 kHz,识别码 HAV。

　　　　　　　星号代表部分时间开放。

问题5　　　　40 NM。

问题6　　　　VOR/DME 共用的频率 117.45 MHz,识别码 BCN。

问题7　　　　NDB,频率 388.5 kHz,识别码 CDF,2 个向台航道信标台(ILS)。

问题8　　　　SAM 的 284°径向线 77 DME 处,频率 113.35 MHz。

问题9　　　　FL 70。查看 Exeter 附近的注释和符号"E>"。

问题10　　　80 NM。

问题11　　　3200 ft。

问题12　　　158°(M)。所有航路都是磁航向,除非特殊说明。

问题13　　　Jersey Zone ,频率为 125.20 MHz 或 120.45 MHz。

问题14　　　VOR/DME 共用频率 109.40 MHz,识别码 GUR。

　　　　　　　NDB,频率 361 kHz,识别码 GRB,还有 2 个向台航道信标台(ILS)。

问题15　　　　30 NM。

航路练习3

问题1　　　　FL 110。最低是FL 100,但要飞"奇数"航向。

问题2　　　　VOR/DME共用频率115.3 MHz,识别码DRE;NDB,频率440 kHz,识别码DRE,并且要识别和引导,需要BFO工作。注意DRE下有横线。

问题3　　　　FL160。最大高度(MAA)为FL 170,但要飞"偶数"航向。

问题4　　　　查看注释19——地面到46000 ft。

问题5　　　　Warsaw Radar/Control ,频率134.27 MHz。

问题6　　　　FL 70。尽管要飞"偶数"航向,符号"O>"改变了规则。向北的单向航路,只对Charles De Gaulle 和 Le Bourget 的离场可用。

问题7　　　　67 NM。

问题8　　　　一个偏离航路的终端VOR,频率111.4 MHz,识别码KTG。

问题9　　　　212°,116 NM。

问题10　　　 BAY W719 WUR = 67 NM

WUR G104 KNG = 33 NM

KNG G104 RID = 21 NM

RID G104 KIR = 46 NM

KIR ATS NTM = 34 NM

总距离 = 201 NM

第九章
杰普逊航路手册——高空

简介

杰普逊手册高空部分包括：

> ➤ 3张欧洲高空航路图
> ➤ 1张加拿大/阿拉斯加州高空航路图（不考）
> ➤ 1张大西洋的方位图
> ➤ 1张大西洋极地高空航路图
> ➤ 1张加拿大北部的作业图
> ➤ 2张北大西洋作业图
> ➤ 1张VFR + GPS图，德国ED-6（在第十二章讨论）

欧洲——高空航路图

使用图E（HI）1。前板和背板和低空图有较小的差别。图上列出了航图覆盖的国家、空域的分类和限制。也列出了覆盖范围。

背板包括：

限制空域	给出了限制空域的范围、高度和开放时间
应答器设置	在专栏中列出，航路手册中没有
巡航高度	可以在航图上的某个面板找到
注释	和低空航路图不同，注释在这个面板可以找到（另两张高空航路图的注释和低空航路图的惯例一样）

注意：这里有两张E（HI）4图。一张用于民用航空管理局CPL/ATPL考试用；如果用E（HI）4图来讲解，那么考试也用这张图。

高空练习1
图E（HI）4

某飞机沿航路UG1 NTM UJ35 GOROL从FRANKFURT（N50 03.2 E008 38.2）飞往EGUM /EGMH MANSTON（N51 20 E001 20）。

问题1　在法国哪个时期周末航线可用？

问题2　在FFM无线电通信的辅助设施是什么？

问题3　　从NTM到ADENU的DME距离是多少?

问题4　　越过UJ35是 `R̲UN 852`〉。前缀R的含义是什么?

问题5　　某飞机飞行高度为FL 220。飞过Brussels后飞机使用的雷达单位和频率为多少?

问题6　　Brussels气象使用什么频率?

问题7　　UG106不可用。飞机能用UG1吗? 如果能,为什么?

加拿大/阿拉斯加——高空航路图

CA(HI)3/4

在前板的顶部给出了加拿大空域的解释。图的修订和航图覆盖范围是标准的。在背板上分别给出了巡航高度和通信的解释。

对于图CA(HI)3,在底部右手边给出了Gander OCA的通信程序。

对于图CA(HI)4,理解方位需要细心。因为该图覆盖了北纬70°以上的区域,有些方位给出的是真方位。在北纬70°以下的区域给出的是磁方位。

除了以上所述的区别外,其他和前面见到的航图类似。

大西洋方位图

AT(H/L)1/2

正如关于前板的介绍一样,这些图是为制订航路计划和在主要的大西洋彼岸机场做跨洋飞行导航而设计的。

图幅是标准的,导航图例列在图的下方。

应答机设置

具体列在图2的第一个折页上。

巡航高度层

巡航高度层显示在各自的航路图上。

明语广播

列出了可选择的明语广播。同时给出了开放时间和频率。

导航信息

前板的反面列出了航图上起重要作用的导航系统。

北大西洋和加拿大最低导航性能规范

在图1(Chart 1)的第7个折页列出了要求。

北大西洋交通编组航迹系统

在图1(Chart 1)的第8个折页列出了要求。

北大西洋通信

在图1(Chart 1)的第8个折页列出了要求。

北大西洋跨越许可程序和频率

在图1(Chart 1)的第9个折页列出了要求。任何要求的增补在图2(Chart 2)的第1个折页中列出。

位置报告程序

在图2(Chart 2)的第1个折页中列出了要求。

增加的天气报告

在图2(Chart 2)的第1个折页中列出了要求。

在最低导航性能规范/缩小垂直间隔的空域紧急飞行的特殊程序

在图2(Chart 2)的第1个折页中列出了要求。

在北大西洋最低导航性能规范空域遇到尾涡的紧急飞行程序

在图2(Chart 2)的第1个折页中列出了要求。

在每个图上,信息面板上都给出了额外的信息,例如:

➢ 马赫数的设置技术

➢ 标准的空－地通信类型和格式

➢ 北大西洋通信设施要求

在给出航图的讨论前,先完成下面的练习:

高空练习2
图AT(H/L) 1和2

问题1　某飞机正在飞夜航,飞往Rome。为了获得Rome的天气:

    a.　哪个明语广播台可以使用?

    b.　使用什么频率?

    c.　Rome的天气广播在什么时间播放?

问题2　对于在最低导航性能规范区域飞行,需要两套可用的远距导航系统(LRNS),其中一套可能是:

    a.

    b.

    c.

问题3　如果两套远距导航系统(LRNS)都失效,飞行员应该怎么办?

问题4　如果飞机不具备最低导航性能规范的能力,是否允许在最低导航性能规范区域爬升或下降?

问题5　在使用北大西洋交通编组航迹系统向西飞行前,必须得先发送精密雷达监视吗?

问题6　离开海洋空域后,飞行员必须保持以什么马赫数飞行?

问题7　飞机离开Prestwick,要想横穿海洋进入点N59 W010需要提前多长时间与ATC联系以获得进入许可口令?

问题8　在北纬80°飞行,需要做位置报告的经度间隔为多少?

问题9　如果无线电通信失效,要进入Bermuda TMA应答机应该怎样设置?

距离

使用图 AT（H/L）1。此图使用的是兰伯特正形圆锥投影，比例尺为：

AT（H/L）1　　　　　1 in = 132 NM

AT（H/L）2　　　　　1 in = 136 NM

距离可以通过三种方式测量：

➢ 从公布的航迹中选取相应的距离

➢ 通过使用图上的比例尺

➢ 通过使用纬度比例尺

高空练习 3

图 AT（H/L）1

航线为 LASNO（N48 35.9 W009 00）到 Porto Santo

问题 1　　在 LASNO 的磁差为多少？

问题 2　　从 LASNO 到 ARMED 的距离为多少？

问题 3　　应该选择 FL 280 和 FL 310 之间的哪个高度层飞行？

问题 4　　Porto Santo 在哪个飞行情报区？

问题 5　　在 Porto Santo 可以使用什么导航设施？

北大西洋极地高空航路图

AT（HI）5

这个图是为航线飞行计划和欧洲与北美之间的极地高空导航而设计的。当飞机飞行在欧洲和加拿大北极控制区域的 FL 280 和 FL 390 飞行高度层时，强烈推荐使用极地航迹结构（PTS）飞行计划。PTS 系统对公布的以下航迹有效：

Traffic to Alaska　　　　1200—1800Z

Traffic to Europe　　　　0000—0600Z

只有当用到极地航迹的整个长度时才使用极地航迹结构体系。如果只是用到部分极地航迹，把它计划为一个随机航迹。

这里：

➢ 在 Reykjavik 管制区有 10 条固定的航迹

➢ 在 Bodo Oceanic 管制区有 5 条固定的航迹（这些航迹是 Reykjavik 管制区航迹的延续）

航图投影

极地立体图有以下特性：

➢ 比例尺是常量且是准确的

➢ 大圆航线是直线

➢ 方位是准确的

图上的网格可用于网格导航。网格是与格林尼治子午线平行的。

信标校准

有些 VOR 台和真北一致,有些 VOR 台与网格北端一致,这些在图上会注明:

ALERT TACAN　　　　　　　　　　N82 31.0 W062 12.7 与网格北端一致

RESOLUTE BAY VOR/DME　　　　N74 43.7 W094 55.4 与真北一致

高空练习 4

航线为 ADN(N57 18.6 W002 15.9)UH70 GONUT PTS2 69W

问题 1　　　从 ADN 到 GONUT 的距离是多少?

问题 2　　　从 GONUT 到 N66 00.0 W008 30.0 的真航迹是什么?

问题 3　　　从 GONUT 到 N66 00.0 W008 30.0 的网格航迹是什么?

在极地航图上作业

网格已经画在了航图上(与 0°子午线一致)。在图上印上网格是因为在极地区域使用真北或磁北信息都比较困难,原因在于:

➤ 在短距离内磁差变化很快

➤ 在北纬 70°以上磁罗盘的指示不可信

➤ 子午线的收敛使航线变得很快

请注意其他子午线可以用作网格的参考。但应用的原则是一样的。

使用下面的图 9-1:

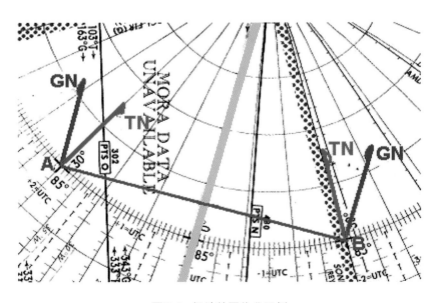

图 9-1　极地航图作业示例

在 B(N85 W030)和 A(N85 E030)之间已经画了一条线。

通过观察可以发现，当这条线通过0°子午线时，网格航向和真航向相等。真北和网格北是一样的。

> 网格航向 270°
> 真航向 270°

然而，A和B的真航向和网格航向是不同的。

如果我们从B到A，通过测量：

> 在B
> 网格航向 270°
> 真航向 300°
> 在A
> 网格航向 270°
> 真航向 240°

两个航线之间的角度差是收敛的。在B点真北在网格北的西面，所以差值向西收敛；在A点真北在网格北的东面，所以差值向东收敛。

真北与网格北之间的差值是30°，正好是子午线基准点(0°)和A点或B点(030°)之间的差值。

下面是一个简单的转换：

> 向西收敛——真航向大
> 点B
> 网格航向 = 真航向 – 30°
> 向东收敛——真航向小
> 点A
> 网格航向 = 真航向 + 30°

如果你忘记这个式子，在图的最底下的右手角上有公式。

> + 西经线
> 网格方位 = 真方位
> – 东经线

经线向西参考真北，向东参考网格北。

对于A点，真北在网格北的东边。

> 网格方位 = 真方位 – 30°

高空练习5
图AT(HI) 5

航线为KARLL（N70 W151）到N85 W151

> 问题1 到达终点的网格航迹是什么？
> 问题2 航线的总距离是多少？
> 问题3 北纬85°与世界协调时的时差是多少？
> 问题4 点N85 W180与点N85 W100连线的真方位是多少？

加拿大北部作业图（NCP）

该图为兰伯特正形投影图，比例尺为 1 in =120 NM。这个图是为绘制航线和位置信息而设计的。因为是兰伯特正形投影图，所以遵循下列要求：

➤ 比例尺可以看成常数

➤ 直线就是大圆航线

➤ 方位是准确的（为平均航向，以中点为准进行测量）

高空练习6

使用图NCP

画出从 Shannon（N52 45 W008 55）到 Gander（N49 55 W054 30）的航线

问题1　　　Shannon 和 Gander 之间的距离是多少？

问题2　　　平均大圆航迹是多少？

北大西洋作业图（MAP/NAP）

这个图的规则和NCP图的规则完全一样。

北大西洋作业图（NAP/INSET）

对于合适的改航机场两个图都有距离和时间圆周。机场以4个字母的ICAO识别代码列出。提供的圆形区为：

➤ 820 NM/120 min　　　　410 kt TAS

➤ 1220 NM/180 min　　　　406 kt TAS

等时点

参考图NAP。航线为Shannon（EINN）到Gander（CYQX）。在图的中心有一条延长的中点线。两点之间的总航程为1715 NM。在中心线的两边是航程比例。

中点线可以和右边的等时点表格联系在一起使用。

巡航高度层　　　　　　　　FL 350

从中点到Gander的风分量　　+ 50 kt

从中点到Shannon的风分量　 – 70 kt

步骤1　　为了计算等时点，先从图上计算等时数。

步骤2　　在图的左边，找到去 Gander 的风分量（+50）。

步骤3　　在图的底部，找到回 Shannon 的风分量（–70）。

步骤4　　在两条线的交叉处读取最近的等时数（如果交叉点位于两条线的一半距离位置上添上一半的数字）。

－7

步骤5 用等时数乘总距离的1%。这是等时点到中点的距离。

－120 NM

这个标志很重要。

步骤6 如果结果是负数,等时点在回程的方向;如果结果是正数,等时点在去程的方向。

距离 Shannon737 NM

高空练习7

航线为 Gander(CYQX)到 Keflavik(BIKF)

巡航高度层 FL 350

从中点到 Keflavik 的风分量 －70 kt

从中点到 Gander 的风分量 ＋100 kt

从 Keflavik 到等时点的距离是多少?

高空练习答案

高空练习1

问题1 周五1600Z至周一0800Z(图的前板)。

问题2 VOR/DME。

问题3 15 NM。

问题4 RNAV路线。单独一个R也可以指雷达。

问题5 Brussels 管制区 127.225 MHz。

问题6 127.80 MHz。

问题7 是。Note 4,如果飞行高度层在FL 225以下,当UG106不可用时,航路向西到EGUM可用。

高空练习2

问题1 某飞机夜航飞往Rome,获得Rome天气。

a. Shannon

b. 3413

c. H+20~25 min 或 H+50~55 min

问题2 图1,第7个折页。

a. 一个惯性导航系统

b. 一个欧米加导航系统

c. 一个导航系统,输入使用一个或多个惯性基准系统或欧米加传感器或任何其他遵循最低导航性能规范的传感器系统

问题3 图1,第8个折页。

通报ATC,充分利用一套系统失效的特殊程序,保持特殊观察。如果ATC没有给指令,

考虑上升/下降。

    a. 500 ft,如果在29000 ft以下

    b. 1000 ft,如果飞行高度层在FL 330和FL 370之间(在缩小垂直间隔时为500 ft)

    c. 如果飞行高度层在FL 290以上上升1000 ft,或如果在FL290,下降500 ft

问题4   是(图1,第8个折页)。

问题5   1900Z(图1,第8个折页)。

问题6   使用指定的越洋马赫数,除非ATS授权变更(图1,第8个折页)。

问题7   30 min(图1,第9个折页)。

问题8   20°(图2,第1个折页)。

问题9   无线电失效时使用模式A/C 7600(A/C 2100——正常情况)(图2,第1个折页)

高空练习3

问题1   8°W。

问题2   448 NM。

问题3   FL 290,注意航路上的偶数箭头。

问题4   Lisbon。

问题5   VOR/DME。

高空练习 4

问题1   233 NM。

问题2   342°T。

问题3   168°G。

高空练习5

问题1   151°G。

问题2   900 NM。

问题3   +10 h。

问题4   310°T。

高空练习6

问题1   1720 NM。

问题2   263°T。

高空练习7

553 NM。

第十章
杰普逊航路手册——ATC飞行计划

飞行计划的类型和分类

飞行计划有两种：

> VFR计划

> IFR计划

飞行计划可以分成三类：

完整的飞行计划——信息按照ICAO飞行计划要求填写。

重复的飞行计划——若运营人执行一个定期的航线可以申请重复飞行计划。对于每次飞行这些飞行计划可以在适当的时间自动生效。

简单飞行计划——航线或航班的一部分受管制时,如飞行在管制区域或航路的交叉部分。这些飞行计划可以通过两种方式申请：

> 起飞前打电话

> 在空中用无线电话(R/T)

申请飞行计划

任何飞行都可以申请飞行计划,但必须为下列飞行申请一个飞行计划：

> 需要提供空中交通管制服务的任何飞行或部分飞行

> 警告空域的任何IFR飞行

> 当相应的空中交通服务机构要求时,在指定区域或沿指定航路飞行的任何航班。这需要提供下列条款：

> > 飞行信息

> > 警告、搜寻和救助服务

> 任何横跨国际边界的飞行

如果飞行中包括下列飞行部分,建议申请一个VFR或IFR飞行计划：

> 在离海岸线超过10 NM的海上飞行

> 在搜寻与救助困难的人口稀少的区域

提交飞行计划

除非其他说明,空中交通管制服务或空中交通咨询服务要求在合适的时间提交飞行计划：

> 飞机起飞前60分钟提交(正常是比飞机要求启动发动机或预计撤轮挡时间提前60分钟,

而不是计划起飞时间），或

➤ 如果是在空中提交，提交的时间必须保证合适的空中交通服务单位收到的时间比飞机预计到达下列各点的时间早10分钟：

➤ 预计的进入管制区或警告区的进入点

➤ 航路交叉点或警告路线

针对空中交通流量管理测量或北大西洋飞行的航班，需要运用下列程序：

➤ 飞行计划应该在预计撤轮挡时间前至少3小时提交

➤ 预计撤轮挡时间变化超过15分钟应该提交修正电报

➤ 当已经申请了一个重复飞行计划或单个飞行计划，但在预计撤轮挡时间前4小时内决定在相同的起飞机场和目的地机场之间改变路线时：

➤ 应该立即传送取消电报给前一个飞行计划的所有地址

➤ 应该在撤销信息后以单个飞行计划的形式，使用相同的呼叫标志发送替代飞行计划，间隔不少于5分钟

➤ 最后的替代飞行计划应该在预计撤轮挡时间前30分钟申请

替代飞行计划的提交应该认为是满足局方对飞行前通告的要求。

****

根据《民用航空飞行动态固定格式电报管理规定》：

第十五条　航空器营运人及其代理人应当于航空器预计撤轮挡时间2小时30分钟前提交飞行计划。遇有特殊情况，经与计划受理单位协商，最迟不晚于航空器预计撤轮挡时间前75分钟提交飞行计划。国内航空器营运人执行国内飞行任务不得早于预计撤轮挡时间前24小时提交飞行计划；航空器营运人执行其他任务不得早于预计撤轮挡时间前120小时提交飞行计划。

航空器营运人及其代理人不得为同一飞行活动重复提交飞行计划。

第十六条　当已拍发飞行计划需要取消或者预计需要取消时，航空器营运人及其代理人应当及时提交取消申请，需要时，可重新提交新的飞行计划。

第十七条　当航空器飞行计划变化时，航空器营运人及其代理人应当于航空器预计撤轮挡时间前45分钟提交飞行计划修改，并应在最后通知的预计撤轮挡时间后3小时30分钟以内提交飞行计划修改。对于已经拍发CHG的飞行计划，不再重新提交新的飞行计划，管制单位不再拍发新的FPL。

第十八条　当航空器飞行计划预计或者已经推迟30分钟以上时，航空器营运人及其代理人应当立即提交飞行计划延误情况。

****

飞行计划的内容

飞行计划由下列与相应的空中交通服务机构相关的信息组成：

➤ 飞机识别信息

➤ 飞行规则和飞行类别

➤ 飞机的数量、型别和尾涡类型

➤ 设备

➤ 起飞机场

> 预计撤轮挡时间

> 巡航速度

> 巡航高度

> 飞行路线

> 目的地机场和总飞行时间

> 备降机场

> 燃油续航能力

> 机上人员总数

> 应急和救生装置

> 其他信息

飞行计划的变化

提交的IFR或VFR飞行计划发生任何变化,都应该向合适的空中交通服务单位报告。对于其他的VFR飞行要报告重要的变化。

飞行计划的结束

飞机着陆后应尽早通过无线电或人工地向相应的空中交通服务单位做到站的报告。对于提交了飞行计划的任何飞行都应该这样做。

当提交了部分飞行的飞行计划时,也应该向相关的空中交通服务单位做结束报告。

当在着陆机场没有相关的空中交通服务单位时,也要在着陆后以最快的方式向最近的空中交通服务单位做到达报告。

当通信设施不完整,并且在地面处理到达报告的备用设施也不可用时,需要采取下列动作:

> 在着陆前通过无线电立即向相应的空中交通服务单位传送到达报告。这是需要报告的地方

> 这个报告传送给监督飞机飞行的,为飞机提供空中交通服务的空中站

飞机的到达报告包括下列内容:

> 飞机的识别代码

> 起飞机场

> 目的地机场(只有在转场着陆中)

> 到达机场

> 到达时间

重复飞行计划的使用
通用

一般不使用重复飞行计划,除了:

> 有规律地运行IFR航班:

> 连续几周的同一天,并且

> 至少执行10次,或者

> 在至少10个连续日内的每一天都执行。飞行计划的任何一个元素都应该有很高的稳定度

重复飞行计划包括从起飞机场到目的地机场的整个飞行过程。只有当飞行中涉及的所有的空中交通服务机构都同意接受时重复飞行计划才能运行。

国家使用的国际航班的重复飞行计划将受到邻近已经使用或即将使用重复飞行计划的国家规定的影响。不同国家之间的使用程序受到双边、多边或区域空中导航部门同意与否的影响。

由仪表（IFR）飞行改为目视（VFR）飞行

只有当机长发起一条带有"取消我的IFR飞行"的信息时，才能接受由IFR飞行改为VFR飞行。由IFR飞行改为VFR飞行不需要直接或间接的任何准许。

除了通知"IFR飞行在……（时间）取消"，空中交通服务单位不给任何答复。

当空中交通服务单位收到航路上很可能遇到仪表气象条件的信息时，如果可以实行，应建议飞行员仔细考虑是否由IFR飞行改为VFR飞行。

当某个空中交通服务单位收到飞机将由IFR飞行改为VFR飞行的通知时，除了飞机已经飞过的单位，应尽快通知IFR飞行计划中标注了地址的其他空中交通服务单位。

遵守飞行计划

除了说明，飞机必须遵守当前的飞行计划或已经提交的可控飞行的计划部分，除非：

> 向相应的空中交通管制单位提出了改变飞行计划的要求；必须在得到允许后才能做改变，或者
> 发生了紧急情况，在环境允许的情况下需要飞机立即采取措施，紧急情况处理后管理机构应履行职责，通知相应的空中交通服务单位采取的措施

除了其他授权或相应的空中交通管制单位的指导，可控飞行：

> 当公布了空中交通服务（ATS）航路时，应操纵飞机沿航路中心线飞行，或者
> 在其他航路上，应操纵飞机在导航设施和/或航路上定义的点之间直飞

在以VOR台为参考设置的ATS航路上运行，飞机应该在或尽量接近频率转换点时改变飞机在VOR台前后的导航指引。

上述要求的任何偏差都应该通知相应的空中交通服务单位。

无意中做的变化

在可控飞行中无意间偏离了当前的飞行计划，需要采取以下措施：

偏离航迹——如果飞机偏离了原来的航迹，应立刻调整航向以重新回到原航迹上。

真空速TAS出现偏差——如果在报告点之间的巡航高度层飞行的平均真空速改变或将要改变，变化量超过±5%，需要通知相应的空中交通服务部门。

预计时间变化——到下一个报告点、飞行情报区边界或目的地机场的预计时间，不管哪个在前，如果从通知ATS开始，或相应的空中交通服务机构或基于空中导航区域协议规定的时间段偏差超过3分钟，都应该尽快通知相应的空中交通服务单位修订的预计时间。

有意的变化

飞行计划变化的要求包括以下内容：

巡航高度层的变化

➤　飞机识别代码

➤　要求新的巡航高度层和在此高度层的巡航速度

➤　修订到达后边飞行情报区边界的预计时间

航路的变化

目的地机场不变

➤　飞机识别代码

➤　飞行规则

➤　新飞行航路的描述,包括从航路开始改变那一点的相关飞行计划数据

➤　修正的预计时间

➤　其他的相关信息

目的地机场改变

➤　飞机识别代码

➤　飞行规则

➤　改变目的地机场后修正的飞行航路的描述,包括从航路开始改变那一点的相关飞行计划数据

➤　修正的预计时间

➤　备降机场

➤　其他的相关信息

目视气象条件下天气恶化

当在目视气象条件下按照当前的飞行计划飞行明显不合实际时,作为可控飞行的VFR飞行将：

➤　要求一个修订口令以使飞机能在目视飞行气象条件下能继续飞往目的地机场或备降机场,或离开空中交通管制口令要求的空域,或

➤　如果得不到任何口令,继续在目视气象条件下操作飞机并通知相应的空中交通管制单位将采取的措施或离开空域或在最近合适的机场着陆,或

➤　如果是在管制地带操作飞机,要求特殊VFR飞行的授权,或

➤　要求与IFR飞行一致的操作口令

飞行计划中的飞行日期

PANS-RAC表述的是:如果某个飞行计划是在飞机预计撤轮挡时间24小时前申请的,那么直到飞机开始动之前24小时这个飞行计划是无效的,这是为了避免在飞行计划中插入日期的需要。考虑到在飞行计划中可选择插入日期项,下面取消了这个限制和一些特殊细节。

如果飞机全部都是在欧洲区域执行航班,在预计撤轮挡时间24小时前申请飞行计划的,要求必须提供航班日期。如果申请飞行计划的时间在预计撤轮挡时间前不到24小时,航班的日期可以给

出,也可以不给出。这个信息将插入飞行计划中的标题18中,以3个字符表示,后面紧接着一个斜线和6个数字形式的航班日期。(在这章后面有描述)。

例如: DOF/YYMMDD

DOF　　　航班日期

YY　　　年

MM　　　月

DD　　　日

这些飞行计划的执行和传送不需要延缓。

ICAO飞行计划的完成

这章的这部分内容需要参考杰普逊航路手册,空中交通管理,434H页。填写飞行计划表时必须遵守特定的通用规则:

> 上面的部分必须使用
> 遵守描述的格式
> 与下列说明一致地完成所有编组
> 数据从提供的第一个位置开始填写
> 在不需要的地方不要插入空格或斜线
> 时间应该为4个数字的世界协调时
> 消耗的时间用4位数字表示,小时数和分钟数

表 10-1　　　ICAO 飞行计划表

NAVCAN26-0516 (2004-01)

编组3——信息类型

这个位置不需要填写。

编组7——飞机识别代码

这里最多插入7个字母。

```
ITEM 7        7  AIRCRAFT IDENTIFICATION /
                 IDENTIFICATION DE L'AÉRONEF
              __ [                    ]
```

不超过7个字母的飞机识别代码有三种输入方式：

- ➤ 飞机的注册号,例如GBOBA、N2345AA、OOBAD,当
    - ➤ 呼叫标志使用相同的代码,如GBOBA,或前面加上ICAO的电话指示符,如SABE-NA OOBAD;
    - ➤ 飞机上没有无线电设备。
- ➤ 飞机运行单位的ICAO代码加航班识别代码,如AAG234、BAW278,当飞机使用的呼叫代码中包括飞机运行单位的ICAO电话指示符时,加上航班代码也可以,如Atlantic 234、Speedbird 278。
- ➤ 由军事机构决定的怎样在飞行中识别飞机的呼叫标志。

编组8——飞行规则和飞行类型

```
ITME 8        8  FLIGHT RULES /        TYPE OF FLIGHT /
                 RÈGLES DE VOL         TYPE DE VOL
              __ [  ]                  [  ]
```

飞行规则——用下列字母中的一个代表飞行规则的分类,填入表中:

I	IFR飞行
V	VFR飞行
Y	首先是IFR飞行
Z	首先是VFR飞行

如果使用Y或Z,在编组15中需要填入飞行规则转换点。

飞行类型——飞行类型中填入下列字母中的一个:

S	定期空中飞行
N	不定期空中运输飞行
G	通用航空
M	军用航空
X	不是上述任何一种

编组9——飞机数量、飞机类型、尾涡类别

```
ITEM 9        9  NUMBER / NOMBRE    TYPE OF AIRCRAFT / TYPE D'AÉRONEF    WAKE TURBULENCE CAT. /
                                                                        CAT. DE TURBULENCE DE SILLAGE
              __ [  ]               [              ]                   / [  ]
```

飞机数量——只有飞机数量大于1时填入数字,如03。

飞机类型——正如在ICAO DOC 8643飞机类型指示符中说明的合适符号,如PA28(使用2至4个字母)。

如果没有分配指示符或在航班编队中使用过两个及以上的指示符,输入字符ZZZZ。在编组18中以TYP/为前缀输入飞机的数量和类型。

尾涡类别——使用下列字母中的一个：

H　　　　重型机，说明飞机认证的最大起飞重量为136000 kg或以上

M　　　　中型机，说明飞机认证的最大起飞重量小于136000 kg，但大于7000 kg

L　　　　轻型机，说明飞机认证的最大起飞重量等于或小于7000 kg

编组10——无线电通信、导航和进近辅助设备

ITEM 10	—	10 EQUIPMENT / ÉQUIPEMENT

输入下列字母中的一个：

N　　　　如果航路飞行中没有装有COM/NAV进近辅助设备，或这个设备不可用，或

S　　　　如果航路飞行中装有标准的或规定的（如北大西洋交通要求）COM/NAV进近辅助设备，并且可用。除非有另一套相应的空中交通服务机构指定的设备，否则标准设备指：

　　　　　VHF RTF

　　　　　ADF

　　　　　VOR

　　　　　LS

且/或

输入下列字母中的一个或多个来指示可用的COM/NAV/进近辅助设备：

根据ICAO最新要求更改为下表内容

****

A	GBAS着陆系统	J7	管制员驾驶员数据链通信、FANS 1/A、卫星通信（铱星）
B	LPV（星基增强系统的垂直引导进近程序）	K	微波着陆系统
C	罗兰C	L	仪表着陆系统
D	测距仪	M1	空中交通管制无线电话、卫星通信（国际海事卫星组织）
E1	飞行管理计算机、航路点位置报告、航空器通信寻址与报告系统	M2	空中交通管制无线电话（多功能运输卫星）
E2	数据链飞行情报服务、航空器通信寻址与报告系统	M3	空中交通管制无线电话（铱星）
E3	起飞前放行、航空器通信寻址与报告系统	O	全向信标台
F	自动定向仪	P1~P9	保留给所需通信性能
G	全球导航卫星系统	R	获得PBN批准
H	局频、无线电话	T	塔康

I	惯性导航	U	特高频无线电话
J1[a]	管制员驾驶员数据链通信、航空电信网、甚高频数据链模式2	V	甚高频无线电话
J2	管制员驾驶员数据链通信、FANS 1/A、高频数据链	W	获得缩小垂直间隔批准
J3	管制员驾驶员数据链通信、FANS 1/A、甚高频数据链模式4	X	获得最低导航性能规范批准
J4	管制员驾驶员数据链通信、FANS 1/A、甚高频数据链模式2	Y	有8.33 kHz频道间距能力的甚高频
J5	管制员驾驶员数据链通信、FANS 1/A、卫星通信(国际海事卫星组织)	Z	携带的其他设备或能力
J6	管制员驾驶员数据链通信FANS 1/A、卫星通信(多功能运输卫星)		
对于数据链服务、空中交通管制放行和情报、空中交通管制通信管理、空中交通管制麦克风检查,见航空无线电技术委员会、欧洲民航设备组织对航空电信网基线1的互用性要求标准(航空电信网基线1互用性标准—DO-280B/ED-110B)			

****

监视设备

在编组10的斜线后面填入下列字母中的一个,来描述装载的监视设备:

****

二次监视雷达A和C模式

N	没有应答机
A	应答机A模式(4位数—4096个编码)
C	应答机A模式(4位数—4096个编码)和应答机C模式

二次监视雷达S模式

S	应答机S模式,具有气压高度和航空器识别的能力
P	应答机S模式,具有气压高度,但没有航空器识别的能力
I	应答机S模式,具有航空器识别,但无气压高度发射信号的能力
X	应答机S模式,没有航空器识别和气压高度能力
E	应答机S模式,具有航空器识别、气压高度发射信号和超长电文(ADS-B)能力
H	应答机S模式,具有航空器识别、气压高度发射信号和增强的监视能力
L	应答机S模式,具有航空器识别、气压高度发射信号、超长电文(ADS-B)和增强的监视能力

"A""C""E""H""I""L""P""S""X"应只填写其一

增强的监视能力是指飞行器能够下发来自于模式S转发器的数据

广播式自动相关监视

B1	具有专用1090 MHz广播式自动相关监视"发送"能力的广播式自动相关监视
B2	具有专用1090 MHz广播式自动相关监视"发送"和"接收"能力的广播式自动相关监视
U1	使用UAT广播式自动相关监视"发送"能力

U2	使用UAT广播式自动相关监视"发送"和"接收"能力
V1	使用VDL模式4广播式自动相关监视"发送"能力
V2	使用VDL模式4广播式自动相关监视"发送"和"接收"能力

编组10B中,"B1""B2"只能出现一个,不应同时出现。 编组10B中,"U1""U2"只能出现一个,不应同时出现。 编组10B中,"V1""V2"只能出现一个,不应同时出现

契约式自动相关监视

D1	具有FANS 1/A能力的契约式自动相关监视
G1	具有航空电信网能力的契约式自动相关监视

注1:以上未列出的字符属于保留。

注2:附加的监视应用应在编组18"SUR/"标记后列出。

****

编组13——起飞机场和时间

ITEM 13	13 DEPARTURE AERODROME / AÉRODROME DE DÉPART —	TIME / HEURE

起飞机场——填入4个字母的起飞机场的ICAO指定符。

如果还没有指定识别符,填入ZZZZ,并在编组18中专门注明起飞机场的名称,以DEP/开头。

如果收到飞行中飞机的飞行计划,填入AFIL,并在标题18中注明提供飞行计划数据的空中交通服务单位的位置,并以4个字母表示该位置的ICAO指示符,以DEP/开头。

时间——飞机离场前提交的飞行计划中填入4个字符的预计撤轮挡时间。

对于收到的飞行中飞机的飞行计划,使用越过飞行计划的航路上第一个点的实际或预计时间。

编组15——巡航速度、巡航高度层和路线

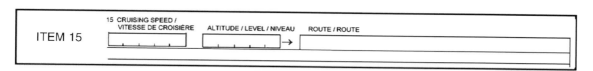

巡航速度——与下列规则一致地填入巡航真空速

节	N加4个数字	N0485
千米/小时	K加4个数字	K0850
马赫数	按照相应的空中交通服务机构的规定,马赫数具体到百分之一,表达为M加3个数字	M085

巡航高度层——以下列任何一种形式填入第一段或整个航路的巡航高度层:

飞行高度层	以F加3个数字表示	F085,F330

高度（百英尺）	以 A 加 3 个数字表示	A045，A100
标准米制单位（十米）	以 S 加 4 个数字表示	S1130
	相应的空中交通服务机构规定这样时使用	
以十米为单位的高度	以 M 加 4 个数字表示	M0840
	相应的空中交通服务机构规定这样时使用	
VFR 飞行	当飞机没有计划在某个特定巡航高度层飞行时填入字母 VFR	

航路（包括巡航速度、高度层和/或飞行规则的变化）

使用下面列出的惯例，通过空格分成各自的子标题，输入航路要求部分的相关航路的细节。

空中交通服务航路（2 到 7 个字母）

指定给航路阶段的代码指示符包括标准离场和进场的代码指示符。

例如　　BCN1, B1, R14, UB10, KODAP2A

重要点（2 到 11 个字母）

分配给该点的代码指示符（2 到 5 个字母）

例如　　LN, MAY, HADDY

如果没有分配任何代码指示符，采用下列方式的一种：

只使用度（7 个字符）

两个数字表示纬度，紧接着 N（北纬）或 S（南纬），再接着用 3 个数字表示经度，后面跟着写 E（东经）或 W（西经）。适当的时候在数字间可以插入 0。

例如　　46N078W

度和分（11 个字符）

用 4 个数字表示纬度，分别是度数和整十分数，紧接着 N（北纬）或 S（南纬），再接着用 3 个数字表示经度的度数和 2 个数字表示十分数，后面跟着写 E（东经）或 W（西经）。适当的时候在数字间可以插入 0。

例如　　4620N07805W

到某个导航台的方位和距离

导航台（一般为 VOR 台）的符号用 2 个或 3 个字母表示，然后是用 3 个数字给出到台的磁方位，然后是用 3 个数字表示到台的空中里程。数字个数的组合要正确，必要是可插入 0。

例如　　表达到 VOR 台 POL 磁方位为 160°M，距离为 80 NM 的点

　　　　POL160080

速度或高度层的变化（最多 21 个字符）

当某点的速度变化（真空速变化 5% 或 0.01 M 以上）或计划高度层变化时，表述和上面叙述的相

同,点/巡航速度/巡航高度层,没有空格。

例如　　LN/N0284　　　　　　　　LN/N0284A045

　　　　MAY/F180　　　　　　　　MAY/N0350F180

　　　　HADDY/N0420　　　　　　HADDY/N0420F330

　　　　4620N07805W/N0500　　　4620N07805W/N0500F350

　　　　46N078W/F330　　　　　　46N078W/M082F330

　　　　POL180080/N0305　　　　POL180080/N0305M0840

飞行规则改变(最多3个字符)

计划飞行规则改变的点,和上述表达一样,精确为点后面跟一个空格和下列中的一个:

VFR　　　当从IFR改为VFR时

IFR　　　当从VFR改为IFR时

例如　　LN VFR　　　　　　LN/N0284A045 VFR

　　　　MAY IFR　　　　　　MAY/N0350F180 IFR

巡航爬升(最多28个字符)

C加斜线,然后是巡航爬升开始的点,表达和上述一样。紧接着是斜线,然后是爬升速度,紧接着是爬升的开始和结束的高度层或者是计划上升的高度层用字母PLUS表示。

例如　　C/48N050W/M082F290F350

　　　　C/48N050W/M082F290PLUS

航路要求——通用

沿指定路线飞行的要求

如果起飞机场已经在空中交通服务航路上,或与空中交通服务航路是连接的,输入空中交通服务航路第一段的指示符。

15 CRUISING SPEED / VITESSE DE CROISIÈRE	ALTITUDE / LEVEL / NIVEAU	ROUTE / ROUTE
N,0,4,5,0	F,3,7,0, →	UA1 RBT UG32 TOP UB25 BEROK UA41 TAQ DCT

如果起飞机场不在空中交通服务航路上,或没有与空中交通服务航路连接,输入字母DCT紧接着与第一段空中交通服务航路连接的点,后面是空中交通服务航路的指示符。

15 CRUISING SPEED / VITESSE DE CROISIÈRE	ALTITUDE / LEVEL / NIVEAU	ROUTE / ROUTE
N,0,4,5,0	F,3,7,0, →	**DCT** RBT UG32 TOP UB25 BEROK UA41 TAQ DCT

如上面两个图所示,在速度或高度层变化,或空中交通服务(ATS)航路变化或飞行规则变化的位置插入一个点。

即使和前面一个相同,在每种情况下也跟着写上下一个空中交通服务航路段的指示符。除非地理坐标中的定义都是点,否则如果下一个点在指定航路之外,必须使用DCT。

如果计划在低空ATS航路和高空ATS航路之间过渡,并且两个航路的航向相同,不需要输入过渡点。

在指定的ATS航路之外飞行的要求

点与点之间不超过30 min的飞行时间或200 NM的距离,输入时包括每个点的速度或高度层的变化,或飞行规则的变化。

需要时按照相应的ATS机构的定义:

➤ 由整数纬度数或半数纬度与子午线及间隔10°的经线的交叉点构成重要点,通过参考这些重要点使飞机的主要飞行航迹是从东向西的方向,在70°N和70°S之间。

➤ 对于飞机在上述纬度之外的区域飞行,应该定义重要点,由纬度的平行线和子午线及间隔20°经线的交叉点构成。

➤ 对于主要在南北方向上飞行的飞机,通过参考重要点定义航迹,重要点由整度数的经线和间隔5°的平行纬线的交叉点构成。

两个重要点之间的距离最远不超过飞行1小时的距离。认为必要时可确定额外的重要点。

除非两个点都是地理坐标中定义的或通过方位和距离定义的点,否则在连续点之间插入DCT。

北大西洋(NAT)飞行

在北纬70°以南的任意航路阶段的飞行计划要求

涡轮喷气式飞机应该按照下列顺序表明它们的建议速度:

➤ 以节为单位的巡航真空速

➤ 海洋进入点和巡航马赫数

➤ 着陆装置和以节为单位的巡航真空速

其他所有飞机的速度都应该给出真空速。

进入大洋的飞行高度层必须在下列两点之一输入:

➤ 进入大洋前的最后一个国内报告点

➤ 当到达大洋控制区域(OCA)边界时

飞行航路应该按照下列重要点输入:

➤ 进入大洋前的最后一个国内报告点

➤ 大洋控制区域(OCA)边界点

    ➤ 遵循Shanwick, New York 和 Santa Maria 大洋区域管制中心的要求

➤ 由整数纬度或半数纬度与格林尼治子午线及间隔10°的经线(一直到070°W)的交叉点构成重要点

两个重要点之间的距离最远不超过飞行1小时的距离。

➤ OCA边界退出点

    ➤ 遵循Shanwick, New York 和 Santa Maria 大洋区域管制中心的要求

➢　飞越大洋后的第一个国内报告点

15 CRUISING SPEED / VITESSE DE CROISIÈRE	ALTITUDE / LEVEL / NIVEAU	ROUTE / ROUTE
N, 0, 4, 8, 1	F, 3, 1, 0, →	UGI STU UN546 DEVOL UN546
MASIT/M084F310 56N020W 57N030W 56N040W 54N050W		
CARPE REDBY/N0480F350　NI86 TOPPS TRAIT/N0441F240		

在北纬70°以南按照编组航迹系统(OTS)定的飞行计划要求

速度按照马赫数输入。在OTS开始点的飞行高度层也要输入。

15 CRUISING SPEED / VITESSE DE CROISIÈRE	ALTITUDE / LEVEL / NIVEAU	ROUTE / ROUTE
N, 0, 4, 9, 3	F, 2, 8, 0, →	UR14 STU UGI SHA UN535 BURAK
UN533 54N015W/M082F310　NATE YAY/NO487F310　N168		
TOPPS/N0481F350　N168 AEX		

如果计划操作飞机沿着一个在NAT航迹信息中详细列出的编组航迹的整个长度飞行,输入缩写NAT后面跟着分配给航迹的代码,不用空格,如上所示。

飞机若在编组航迹的中间某点进入或离开航迹,则视为随机航路飞机,那么在飞行计划中必须专门注明整个航路的细节。在这些情况下,航迹字母不能使用航路部分的任何缩写。

速度或高度层改变的每一个点都要求必须用地理坐标中的纬度和经度,或指定的航路点名称详细说明。

在北纬70°以北的任意航路阶段的飞行计划要求

涡轮喷气式飞机应该按照下列顺序表明它们的建议速度:

➢　以节为单位的巡航真空速

➢　大洋进入点和巡航马赫数

➢　着陆装置和以节为单位的巡航真空速

其他所有飞机的速度都应该给出真空速。

进入大洋的飞行高度层必须在以下两点输入:

➢　进入大洋前的最后一个国内报告点

➢　当到达大洋控制区域(OCA)边界时

飞行航路应该按照下列重要点输入:

➢　进入大洋前的最后一个国内报告点

➢　大洋控制区域(OCA)边界点

　　➢　遵循Shanwick, New York 和 Santa Maria 大洋区域管制中心的要求

➢　由整数纬度或半数纬度与格林尼治子午线及每20°一个间隔一直到060°W的经线的交叉点构成重要点

　　两个重要点之间的距离最远不超过飞行1小时的距离。

➢　OCA边界退出点

> 遵循 Shanwick, New York 和 Santa Maria 大洋区域控制中心的要求

> 飞越大洋后的第一个国内报告点

速度或高度层改变的每一个点都要求必须详细说明,并紧跟着说明下一个重要点。

极地航迹结构(PTS)飞行计划要求

速度以马赫数的形式输入在 PTS 的开始点或北大西洋交通海洋管制区(NAT OCA)边界。同样在 PTS 的开始点或北大西洋交通海洋管制区(NAT OCA)边界输入飞行高度层。

如果航班计划操纵飞机沿着某个极地航迹的整个长度飞行,缩写"PTS"后边紧跟着航路代码,不加空格。

```
15  CRUISING SPEED /
    VITESSE DE CROISIÈRE    ALTITUDE / LEVEL / NIVEAU    ROUTE / ROUTE

    N 0 4 8 9      F 3 1 0    →   UA2 POL UB4 TLA DCT WIK/N0488F350
    DCT LIRKI/M084F350 PTSQ LT DCT 8017N11500W DCT
    TAYTA M452 HARVZ DCT ENN J125 TAGER
```

飞机在某些中间点加入或离开某个极地航迹,视为随机航路飞机,那么整个飞行航迹必须在飞行计划中详细说明。在这些情况下,航迹代码不能缩写为航路的某一部分。

速度或高度层改变的每个点都要求必须详细说明,说明时形式跟地理坐标中描述点的形式相同,用经纬度表示,后边跟着缩写"PTS"和航迹代码。

主要飞南北航向的飞行计划要求飞行速度输入:

> 涡轮喷气式飞机输入马赫数

> 其他飞机输入真空速

无论哪种飞机,在进入大洋前的最后一个国内报告点或 OCA 边界需要指定飞行速度。

航路描述形式如下:

> 进入大洋前的最后一个国内报告点

> 海洋控制区域(OCA)边界点

> 遵循 Shanwick, New York 和 Santa Maria 大洋区域管制中心的要求

> 由经度的整数度数和指定的平行纬度(从 20°N 到 90°N 之间,间隔 5°的纬度)的交叉点构成的重要点

两个重要点之间的距离最远不超过飞行 1 小时的距离。

> OCA 边界退出点

> 遵循 Shanwick, New York 和 Santa Maria 大洋区域管制中心的要求

> 飞越大洋后的第一个国内报告点

速度或高度层改变的每一个点都要求必须详细说明,并紧跟着说明下一个重要点。

NAM/CAR 航路结构飞行计划要求

飞行速度输入:

> 涡轮喷气式飞机输入马赫数

> 其他飞机输入真空速

无论哪种飞机,在NAM/CAR航路结构的开始点需要指定飞行速度。

在NAM/CAR航路结构的开始点必须输入进入大洋的飞行高度层。

飞行航路描述为NAM/CAR ATS航路标识符的形式。

速度或高度层改变的每一个点都要求必须详细说明,并紧跟着说明相应的ATS描述的下一段航路的航路标识符或命名的航路点。

编组16——目的地机场、总航程时间和备降机场

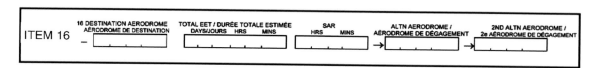

目的地机场——输入ICAO规定的四个字母的位置指示符。如果没有分配位置指示符,除了编组18中的描述,接下来的程序和离场机场一样,机场名称前输入DEST/。

总航程时间——对于IFR飞行这是从起飞到抵达的全部预计时间:
➤　开始于导航设备参考书目中定义的,仪表进近程序预期的指定点,或
➤　如果目的地机场没有关联的导航设备,时间一直计算到飞机到达目的地机场。

对于VFR飞行,预计总时间要求从起飞计算到到达目的地机场。

对于从飞行中的飞机上收到的飞行计划,总预计航程时间是从执行飞行计划航路的第一个点开始算起的预计时间。

备降机场——输入ICAO规定的四个字母的位置指示符。如果没有分配位置指示符,除了编组18中的描述,接下来的程序和离场机场一样,机场名称前输入ALTN/。只有两个备降机场可以详细说明。

编组18——其他信息

如果没有"其他信息"输入0。对于北大西洋交通(NAT)航班,预计航程时间,航空器国籍和注册标志和选择呼叫代码任何时候都应该包括,并且按顺序输入。

当需要输入其他信息时,输入时应该按照下列顺序:

REP/　受空中交通流量管理影响的在欧洲区域飞行的航班,为了识别替代飞行计划使用。在斜线后输入Qn,n是替代飞行计划的序列号。

例如　　FP/Q1

EET/　后边跟重要航路点或飞行情报区(FIR)边界代号加累积的预计航程时间,预计航程时间是从起飞到区域导航协议或相应的空中交通服务(ATS)机构描述的点的飞行时间。

例如　　EET/EISN0035

　　　　EET/90W0200

北大西洋交通NAT要求

对于执行北大西洋交通区域随机航路的航班,累积的预计航班时间要求:

➤ 进入大洋前的最后一个国内报告点

➤ OCA边界进入点

➤ 标题15中描述的每一个重要点

➤ OCA边界退出点

➤ 国内航迹的第一个报告点

对于操纵飞机沿编组航迹结构OTS的整个长度飞行的航班,预计航班时间要求从航迹和飞行情报区边界的开始点算起。

对于操作飞机沿PTS航迹的整个长度飞行的航班,累积的预计航班时间要求开始点和其后的每个重要点。

Shanwick, New York 和 Santa Maria OCAs要求航班时间只计算到OCA边界。

RIF/	航路详细记录修改的目的地机场,后边跟着写机场的ICAO四个字母的位置识别符。修改的航路受飞行中新口令的影响。
	例如 RIF/DTA HEC HECA
	RIF/LEMD
REG/	如果飞机的注册标志和编组7中的识别标识不同,对于执行最低导航性能规范的航班应该在此输入飞机的注册标志。
SEL/	如果相应的空中交通服务机构规定,输入选择呼叫代码。
OPR/	如果编组7中没有明显的飞机识别符,在这里输入驾驶员的姓名。
STS/	空中交通服务特殊处理的理由。
	例如 医院飞机 STS/HOSP
	一发失效 STS/ONE ENG INOP
TYP/	如果有必要在飞机数量之前,或者如果在编组9中输入了ZZZZ,在这里输入飞机的类别。
PER/	如果相应的空中交通服务机构要求,输入飞机的性能数据。
COM/	和相应的空中交通服务机构要求的通信设备相关的重要数据。
	例如 COM/UHF ONLY
DAT/	和使用了一个或多个S,H,V和M字母的数据链相关的重要数据。
	例如 DAT/S for satellite data link
	DAT/H for HF data link
	DAT/V for VHF data link
	DAT/M for SSR Mode S data link
NAV/	和相应的空中交通服务机构要求的导航设备相关的重要数据。
	例如 NAV/INS
DEP/	如果在编组13中输入了ZZZZ,或在增补的飞行计划数据中可以获得ATS位置的ICAO

四个字母的位置标识符,如果在编组13中输入了AFIL,在这里输入离场机场的名称。

DEST/　　如果在编组16中输入了ZZZZ,在这里输入目的地机场的名称。

ALTN/　　如果在编组16中输入了ZZZZ,在这里输入备降机场的名称。

RALT/　　航路备降机场名称。

RMK/　　当相应的空中交通服务机构要求或自认为需要时,在这里输入其他简单语言说明。

DOF/　　如果航班的飞行计划全部是在欧洲区域飞行,并且在预计撤轮挡时间前24小时以前就申请了航班,强制要求提供航班的日期。如果申请航班计划的时间是在预计撤轮挡时间前24小时以内,航班的日期可以说明也可以不说明。日期以6个数字的形式在DOF斜线后输入。

　　　　　例如　　　DOF/YYMMDD

****

根据《民用航空飞行动态固定格式电报管理规定》,编组18——其他信息如无其他信息,填入0(零)或按照下列所示的先后次序,随以一斜线"/"填写有关信息:

数据项	表示内容
STS/	只有下述的内容可以填写在STS/后面,如有2种以上情况需要特别说明的,应以空格分开。其他原因则填写到RMK/后: ALTRV:按照预留高度运行的飞行。 ATFMX:有关空中交通服务当局批准豁免空中交通流量管理措施的飞行。 FFR:灭火。 FLTCK:校验导航设施的飞行检测。 HAZMAT:运载有害材料的飞行。 HEAD:国家领导人性质的飞行。 HOSP:医疗当局公布的医疗飞行。 HUM:执行人道主义任务的飞行。 MARSA:军方负责管理的军用航空器最低安全高度间隔飞行,用以标明飞行时效时,要求编组9的飞机数量大于1架;用以标明从一个特定点开始时,在编组18的RMK项后紧跟航空器标识和进入作业区的时间。 MEDEVAC:与生命攸关的医疗紧急疏散。 NONRVSM:不具备缩小垂直间隔能力的飞行准备在缩小垂直间隔空域运行。 SAR:从事搜寻与援救任务的飞行。 STATE:从事军队、海关或警察服务的飞行。
PBN/	表示区域导航和/或所需导航性能的能力,只能填写指定的字符内容,最多8个词条,不超过16个符号,词条之间不用空格。 区域导航规范: 　　A1 RNAV 10(RNP 10) 　　B1 RNAV 5所有允许的传感器 　　B2 RNAV 5全球导航卫星系统 　　B3 RNAV 5测距仪/测距仪 　　B4 RNAV 5甚高频全向信标/测距仪 　　B5 RNAV 5惯性导航或惯性参考系统 　　B6 RNAV 5罗兰C 　　C1 RNAV 2所有允许的传感器 　　C2 RNAV 2全球导航卫星系统 　　C3 RNAV 2测距仪/测距仪 　　C4 RNAV 2测距仪/测距仪/IRU 　　D1 RNAV 1所有允许的传感器 　　D2 RNAV 1全球导航卫星系统 　　D3 RNAV 1测距仪/测距仪 　　D4 RNAV 1测距仪/测距仪/IRU 所需导航性能规范: 　　L1 RNP 4 　　O1基本RNP 1所有允许的传感器 　　O2基本RNP 1全球导航卫星系统 　　O3基本RNP 1测距仪/测距仪 　　O4基本RNP 1测距仪/测距仪/IRU

	S1 RNP APCH
	S2 具备 BAR–VNAV 的 RNP APCH
	T1 有:RF 的 RNP AR APCH(需要特殊批准)
	T2 无:RF 的 RNP AR APCH(需要特殊批准)
	如 PBN/后出现 B1、B5、C1、C4、D1、D4、01 或 04,则 10A 编组应填入 I。
	如 PBN/后出现 B1 或 B4,则 10A 编组应填写 O 和 D,或 S 和 D。
	如 PBN/后出现 B1、B3、B4、C1、C3、C4、D1、D3、D4、01、03 或 04,则 10A 编组应填写 D。
	如 PBN/后出现 B1、B2、C1、C2、D1、D2、01 或 02,则 10A 编组应填写 G。
NAV/	除 PBN/规定之外,按有关 ATS 单位要求,填写与导航设备有关的重要数据。在此代码项下填入全球导航卫星增强系统,两个或多个增强方法之间使用空格。 注1:NAV/GBAS SBAS。
COM/	按有关 ATS 单位要求,填写 10A 中未注明的通信用途或能力。
DAT/	按有关 ATS 单位要求,填写 10A 中未注明的数据用途或能力。
SUR/	按有关 ATS 单位要求,填写 10B 中未注明的监视用途或能力。
DEP/	如在编组 13 中填入"ZZZZ",则应在此填入起飞机场英文全称、拼音全称或其他代号。如果在编组 13 中填入 AFIL,则应填入可以提供飞行计划数据的 ATS 单位的四字地名代码。对于相关的航行资料汇编未列出的机场,按以下方式填写位置: 以 4 位数字表示纬度数的十位数和个位数分数,后随"N"(北)或"S"(南)。再随以 5 位数字,表示经度数的十位数和个位数分数,后随"E"(东)或"W"(西)。为使数位正确,需要时插入"0",例如,4620N07805W(11位字符)。 距最近重要点的方位和距离表示如下:重要点的编码代号,后随 3 位数字表示相对该点的磁方位度数,再随以 3 位数字表示距离该点的海里数。在高纬度地区,如有关当局确定参考磁方位度数不可行,可使用真方位度数。为使数位正确,需要时插入"0"。 如果航空器从非机场起飞,填入第一个航路点(名称或经纬度)或无线电指点标。
DEST/	如在编组 16 数据项 A 中填入"ZZZZ",则在此填入目的地机场的名称和位置。对于相关航行资料汇编未列出的机场,按上述 DEP/的规定以经纬度填入机场位置或距最近重要点的方位和距离。
DOF/	飞行计划执行日期(起飞日期)(YYMMDD,YY 表示年,MM 表示月,DD 表示日)。
REG/	当与编组 7 的航空器识别标志不同时,填入航空器的国籍、共同标志和登记标志。
EET/	由地区航行协议或由 ATS 当局规定的重要点或飞行情报区边界代号和起飞至该点或飞行情报区边界累计的预计实耗时间。由一个或多个字符串组成。每个字符串是:2~5 个字母、数字、字符或一个地理坐标;后随一个 4 位数的时间,从 0000 到 9959(即 0~99 h,0~59 min)。 注2:EET/CAP0745 XYZ0830 EET/EINN0204。
SEL/	经装备的航空器的选择呼叫编码。
TYP/	如在编组 9 中填入了"ZZZZ",则在本数据项填入航空器机型,必要时不留空格前缀航空器数目。其间用一个空格隔开。 注3:TYP/2F15 5F5 3B2。
CODE/	按有关 ATS 当局要求的航空器地址(以 6 位 16 进制字符的字母代码形式表示)。 注4:F00001 是国际民航组织管理的具体模块中所载的最小航空器地址。
DLE/	航路延误或等待,填入计划发生延误的航路重要点,随后用时分(小时分)4 位数表示延误时间。航路重要点应与编组 15 数据项 C 中的一致,如果不一致,应进入错误信息处理过程。 注5:DLE/MDG0030。

OPR/	当与编组7的航空器识别标志不同时,填入航空器运行机构的ICAO代码或名称。
ORGN/	如果无法立即识别飞行计划发报人,填入有关空中交通服务当局要求的发报人的8字母AFTN地址或其他相关联络细节。 在某些地区,飞行计划接收中心会自动插入ORGN/识别符和发报人的AFTN地址限定在8个字符内。
PER/	按有关ATS单位的规定,使用《空中航行服务程序——航空器的运行》(PANS-OPS,Doc8168号文件)第I卷——《飞行程序》规定的1位字母,填写航空器性能数据。 注6:A类:指示空速小于169 km/h(91 NM/h); 　　　B类:指示空速169 km/h(91 NM/h)至224 km/h(121 NM/h); 　　　C类:指示空速224 km/h(121 NM/h)至261 km/h(141 NM/h); 　　　D类:指示空速261 km/h(141 NM/h)至307 km/h(161 NM/h); 　　　E类:指示空速307 km/h(161 NM/h)至391 km/h(211 NM/h); 　　　H类:关于直升机的特殊要求。
ALTN/	如在编组16数据项C中填入"ZZZZ",则在此填入目的地备降机场的名称。对于相关的航行资料汇编未列出的机场,按上述DEP/的规定以经纬度填入机场位置或距最近重要点的方位和距离。
RALT/	按Doc7910号文件《地名代码》的规定填入航路备降机场的ICAO四字代码,或如果未分配代码,填入航路备降机场名称。对于相关的航行资料汇编未列出的机场,按上述DEP/的规定以经纬度填入机场位置或距最近重要点的方位和距离。
TALT/	按Doc7910号文件《地名代码》的规定填入起飞备降机场的ICAO四字代码,或如果未分配代码,填入起飞备降机场名称。对于相关的航行资料汇编未列出的机场,按上述DEP/的规定以经纬度填入机场位置或距最近重要点的方位和距离。
RIF/	至修改后的目的地机场的航路详情,后随该机场的国际民航组织四字代码。 注7:RIF/DTA HEC KLAX 　　　RIF/ESP G94 CLA YPPH
RMK/	有关ATS单位要求的或机长认为对提供ATS有必要的任何明语附注。有别于"STS/"项中填写的内容。如果使用非标准的标识符,应在RMK/后填写,并且如果在非标准标识符和随后的文本之间有"/"时,应删除该符号。 下列内容应为统一的标注: 　　　ACAS II 或TCAS:RMK/ACAS II 或 RMK/TCAS; 　　　极地飞行:RMK/POLAR; 　　　不具备RVSM能力的航空器获批在RVSM空域运行:RMK/APVD NONRVSM; 　　　返航:RMK/RETURN; 　　　备降:RMK/ALTERNATE。 CPL报中"RMK/"数据项中应体现返航、备降的目的地机场、原目的地机场原因说明,如:"RETURN""ALTERNATE ZHHH DEU ZSSS RWY"。

****

编组19——增补信息

这些信息在飞行计划的传送中一般不包括。如果需要的话,这些信息保留在飞行计划的文件归档中。

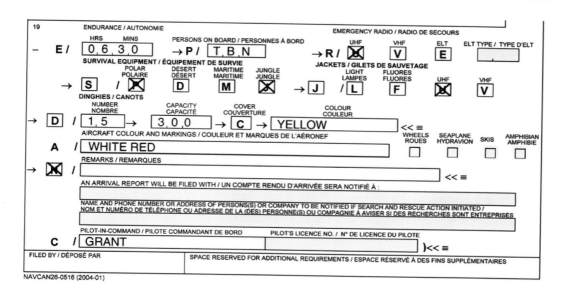

续航能力——在E/输入4个数字,分别表示小时数和分钟数,给出飞机燃油的续航能力。

机上人员——当相应的空中交通服务机构要求时,在P/后边输入机上人员的总数(包括乘客和机组)。

如果在提交申请时不知道总数输入TBN。

紧急情况和营救设备

R/(无线电)	如果超高频243.00 MHz的频率不可用,删去U。
	如果甚高频121.500 MHz的频率不可用,删去V。
	如果应急定位器发射机(ELT)不可用,删去E。
S/(营救设备)	如果机上没有携带营救设备,删去所有指示符。
	如果机上没有携带极地营救设备,删去P。
	如果机上没有携带沙漠营救设备,删去D。
	如果机上没有携带海上营救设备,删去M。
	如果机上没有携带丛林营救设备,删去J。
J/(救生衣)	如果机上没有携带救生衣,删去所有指示符。
	如果救生衣上没有发光体,删去L。
	如果救生衣上没有荧光素,删去F。
	如果救生衣上没有发光体,删去L。
	如果上边的R/中指明了救生衣的无线电能力,删去U或V,或都删去。
D/(救生筏)	
数量	如果机上没有携带救生筏,删去指示符D和C,否则输入救生筏的数量。

容量	输入所有救生筏所能携带乘客的总数。
顶棚	如果救生筏没有顶棚,删去指示符C。
颜色	如果携带了救生筏,输入救生筏的颜色。
A/(飞机颜色和标志)	输入飞机的颜色和重要标志。
N/(说明)	如果没有说明,或没有说明携带任何其他的营救设备和任何其他关于营救设备的说明,删去指示符N。
C/(飞行员)	输入机长的姓名。

第十一章
杰普逊航路手册——终端区

简介

终端区部分包括单独的机场程序,如:

- ➤ 区域图
- ➤ 标准终端区进场图
- ➤ 标准仪表离场图
- ➤ 进近图
- ➤ 显示其他主题的补充图,如:
    - ➤ 降噪程序
    - ➤ 机场和停机图
    - ➤ 滑行路线
    - ➤ 停机程序
    - ➤ JAA 最低标准
    - ➤ VFR 飞行程序

为了解释这些图,这章使用 Amsterdam 和 Schiphol 的图。每个图都在一个方框中给出了参考编号。区域图是第一幅图,编号为 10 – 1,说明如下:

区域图(10-1)

区域图的图例和航路图完全一样。下列图例适用于区域图:

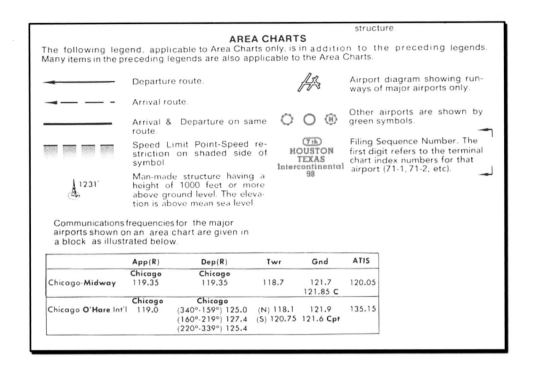

当地形在主要机场4000 ft以上时,需要描绘地形信息。如果没有给出地形信息,也不意味它们不相关。它们总是和航路最低高度相关。

终端区练习1 　　　使用图10 – 1

问题1　　　使用Schiphol的通信框信息。在频率126.68后面是X,X的含义是什么?

问题2　　　Schiphol TMA的高空高度层是多少?

问题3　　　Schiphol 机场的标高是多少?

问题4　　　当在SPY(N52 32.4 E004 51.2)等待时,进入等待航线的航迹是什么?

问题5　　　飞机能飞航路BERGI B5 SPY吗?

标准终端进场图(STAR)

使用图10 – 2,注意图的顶角上有个方框,说明了这是什么图。例如:

STAR

SID/STAR 的图例在简介的81页至84页。类似跑道平面图的圆圈中突出显示了终端区机场Schiphol。在图的顶部给出了机场交通信息服务(ATIS)频率,108.4 MHz 和 132.975 MHz。

在图顶部的左上角给出了过渡高度层和过渡高度的值。

在图顶部的中心有个方框,写有进场信息:

EELDE A, REKKEN A

EELDE B, REKKEN B

BY ATC

ARRIVALS

（RWYS 01R, 06, 19R, 27）

进场的名称一般涉及无线电设备名称,在本例中是 EEL 和 REK。

进场路线以平面图的形式给出。在图的文本信息框中给出任何需要解释的资料。

终端区练习 2　　使用图 10 – 2

问题 1　　EEL 和 ARTIP 之间的距离是多少?

问题 2　　在 SPY 的等待速度是多少?

问题 3　　进入 Schiphol TMA 的高度层是多少?

问题 4　　在 SPL 15 NM 的地方的最大速度是多少?

问题 5　　飞机从 REMKO 进近到 RKN 的指示空速是多少?

标准仪表离场图（SID）

使用图 10 – 3。这个图的图例和格式与标准仪表进场图一样。

终端区练习 3　　使用图 10 – 3

问题 1　　转弯时的预定坡度是多少?

问题 2　　在什么高度飞机应该联系 Schiphol Departure?

问题 3　　对于 22 离场,飞机飞过 PAM 后应该飞什么路线?

问题 4　　对于在 19L 跑道离场的飞机,最初的航迹是多少?

问题 5　　对于 22 离场的飞机,最大指示空速是多少?

问题 6　　对于 06 离场,飞机应该在哪个方位线转弯插入 PAM 台的 273°径向线?

问题 7　　如果某飞机继续沿航路 UR12 飞行:

　　　　　a.　在 D60 DHE 飞机应该在哪个高度或哪个高度以上飞行?

　　　　　b.　DHE 的频率是多少?

进近图

使用图 11 – 1, ILS 跑道 06, NDB DME 跑道 06。进近图遵循标准格式。

PRE-APPROACH BRIEFING	MSA & RWY AID
APPROACH PLAN VIEW	
PROFILE VIEW	
LANDING MINIMUMS	

进近图图例说明在简介的102至115页。顶部信息框的右边给出了：

> 地理位置   AMSTERDAM, NETHERLANDS
> 机场名称   SCHIPHOL
> 程序识别   ILS RWY 06
>   NDB DME RWY 06
> 主要设施的频率和代码   LOC 110.55 SL
> 机场标高   – 11 ft(海平面以下)

在机场附近的主要设备 SPL VOR/DME 上给出了最低安全高度的圆,在圆上显示了高度和限制。

在顶部信息框的右边给出了通信和高度表的设置数据。

平面视图是进近的描绘图,比例尺是 1 in= 5 NM。其他比例尺在图上说明。

在标准进场图结束时接着使用进近图。

剖面图给出了预期进近的垂直剖面。

最小值部分给出了特定进近时最低下降高/高度 DA(H)。不同类型的飞机可能有不同的跑道视程/能见度限制,这些信息列在了最低下降高/高度 DA(H)的下面。

终端区练习4   使用图 11 – 1

问题1   从 SPL 到 MAP 的 DME 距离是多少?

问题2   在 Schiphol Approach 的通信框中,(R)的含义是什么?

问题3   在 NDB DME 进近时,飞机的高度表设置为 QFE,那么在 6 DME 时飞机的高度应该为多少?

问题4   对于盘旋进近,飞机速度为 180 kt 时,最低能见度为多少?

问题5   B 类飞机的超障高 OCH 为多少?

问题6   外指点标到跑道入口的距离为多少?

问题7   在最小值部分的 ALS 的含义是什么?

问题8   在 LCTR 图上你期望的出航高度是多少?

问题9   从 LCRT 图中可知出航边的长度是多少?

问题10   飞机开始下降点离 SPL 的 DME 距离是多少?

问题11   TCH 55 ft 的含义是什么?

增补页

降噪程序(图10 – 4到10 – 4B)

降噪程序是为避免机场附近的过多飞机噪音而设计的降噪程序遵循一个简单的格式,包括下列内容:

> 跑道用法
> 优先跑道系统
> 进场
> 离场

➤　夜间限制

➤　反推辅助动力装置

终端区练习5　　　使用图 10 – 4 至 10 – 4B

问题 1　　　干跑道的最大顺风分量为多少？

问题 2　　　01 号跑道的最小爬升梯度为多少？以这个梯度上升到什么高度？

问题 3　　　起飞选择跑道的顺序是什么？

问题 4　　　当进场使用 19R 和 27 跑道时，最低能见度和云底高分别是多少？

问题 5　　　喷气式飞机从起飞到上升到 1500 ft 的初始程序是什么？

问题 6　　　在 06 号跑道上什么时候可以使用反推？

机场图

手册中提供了各种各样的机场图。

图 10 – 8 是黄色的纸。这意味着进入该机场是临时的。某些图可能引导读者去看航行通告。

一般会给出一些解释。在本例中，是在 DE 停机坪图上。

图 10 – 9 显示了机场的平面图，图上有主要的公路和河流。不幸的是图上都是灰色的，但可以很容易地辨认出河流和公路。机场平面图上包括停机区。限制条件列在图上，如经过 EAST 滑行道进入停机坪的飞机的最大翼展是 171 ft。

机场图例允许完整的译码，这些可以在介绍的 116 至 119 页找到。

图 10 – 9A 列出了独立的和不独立的着陆跑道，以及和它们相关的限制和一般的着陆信息。

图 10 – 9A1 覆盖了低能见度程序、启动程序、推出和滑行程序。

图 10 – 9A2 列出了不同类别的飞机减少跑道占有时间的方法。

图 10 – 9B/C 是扩展图，显示了着陆后和起飞前的滑行路线和相关的控制频率。

图 10 – 9D/E 列出了所有的台及它们相关的惯性导航系统坐标。

图 10 – 9F/G 列出了可视的停机指南系统和相应的标志。

图 10 – 9X/X1 和 X2 列出了所有跑道的最低要求。

检查和学习机场图的图例。不同机场使用相同程序，但可能列出的方式稍有不同。

终端区练习答案

终端区练习1

问题1	按要求
问题2	FL 95
问题3	– 11 ft
问题4	242°M
问题5	不能,因为这个航路一般只能向西飞行

终端区练习2

问题1	56 NM
问题2	250 kt IAS
问题3	在SPE 30 NM的最高高度层为FL 100,除非有其他说明,在TMA边界的最低高度层为FL 70
问题4	220 kt
问题5	280 ~300 kt

终端区练习3

问题1	25°
问题2	当飞过2000 ft时
问题3	沿017R 到 ANDIK, 插入到 054R SPY 到 GRONY
问题4	185°M
问题5	220 kt
问题6	103°M
问题7	a. FL 260
	b. 116.3 MHz

终端区练习4

问题1	2.6 NM
问题2	雷达可用
问题3	1292 ft
问题4	3600 m
问题5	154 ft
问题6	3.9 NM
问题7	进近灯不工作
问题8	3000 ft
问题9	1 min
问题10	8.2 NM

问题11 跑道入口高度为 55 ft

终端区练习5

问题1 5 kt

问题2 5%/150 ft

问题3 24, 01L, 19L, 09

问题4 能见度 3000 m, 云底高 1000 ft 或更高

问题5 起飞推力, 起飞襟翼。以 $V_2 + 10$ kt 的速度爬升 (受俯仰角的限制)

问题6 0700 — 2300 LT

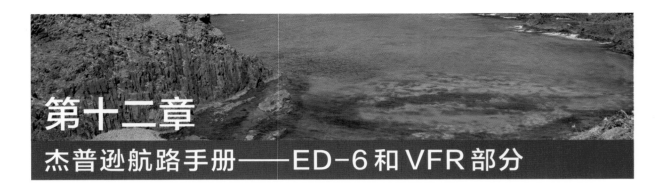

第十二章
杰普逊航路手册——ED-6和VFR部分

简介

这个ED-6图和手册中的VFR部分是飞行计划考试中要用的,主要用于简单的VFR绘图和数据的提取。

ED-6这个图是为在目视气象条件下遵循VFR规则制订飞行计划和执行飞行计划而设计的。

ED-6图的信息

前面的面板给出了图的覆盖范围和邻近的图。注意ED－6图在下列高度层以下有效:
- ➤ 在奥地利FL 125
- ➤ 在法国FL 115
- ➤ 在德国FL 100
- ➤ 在瑞士FL 150

GPS经纬度差异

GPS位置基于WGS－84坐标。一些政府机构仍然以当地测量的参考数据为基础制定位置信息。图上右边面板列出的位置都是基于WGS－84的:
- ➤ VFR报告点
- ➤ 机场
- ➤ 无线电导航台

航空信息

航空信息面板中给出的是图的符号和解释。

在图的底部给出了下列各项的进一步解释:
- ➤ 飞行信息和气象服务
- ➤ 常规航空预报区域(涉及气象台的电话号码)
- ➤ 空域分类——德国
- ➤ 在德国VFR飞行的空域分类
- ➤ 语音字母和莫尔斯电码

> ft/m 的转换
> 空域代号和控制频率

注意:图的比例尺是以千米、海里和英里为单位校准的。标高和最小网格区域高度的单位是 ft。

投影

在图的左手边列出了图的投影和标准纬线:

> 兰伯特正形投影
> 标准纬线是 37°N 和 65°N

ED-6练习题

1　在 Munich CTR（Munich N48 21.2 E011 47.2）内部是点 Foxtrott 1。Foxtrott 1 是什么？它的位置在哪?

2　Augsburg 的 ATIS 频率是多少?

3　Tannheim(N48 00.7 E010 06.1)是哪种类型的机场?

4　解码在下列位置的导航系统:

　　　　a. N49 08.6　E010 14.3

　　　　b. N48 21.9　E007 49.7

　　　　c. N49 13.7　E007 25.0

5　Neuberg AB 空域(N48 42.7 E011 12.7)是什么类别？该空域的高空限制是什么?

6　解释下列位置的符号含义:

　　　　a. N47 14　E009 42

　　　　b. N47 49.5　E00731

　　　　c. N48 40　E009 07

　　　　d. N47 56　E013 25.8

7　从 Gerstetten（N48 37.3 E010 03.7)到 Nordlingen（N48 52.4 E010 30.3)的方位和距离分别是多少?

8　德国使用哪种VFR空域类别?

9　对于法国的VFR航路,距离和方位是怎么测量的?

10　对于 Zurich（N47 27.5 E008 32.9),下列各项是什么?

　　　　a. ICAO 四字代码

　　　　b. 标高

　　　　c. 可用跑道

11　在 Zurich 的频率118.10旁边的是(V),这是什么意思?

12　在 Zurich 的磁差是多少?

13　等方位线精确到哪年?

14　GAFOR 的含义是什么?

15　在东北 – 西南方向跨过 N49 00 E010 17.5 的线是什么?

16   Stuttgart（N48 42.7 E009 20.1）和 Luburg（N48 54.8 E009 20.4）之间的距离是多少？用千米表示。

17   Munich 飞行信息频率是多少？

18   Hochwald VOR/DME 的频率是多少？

19   在德国的 Alps 区域 E 类空域的高度是多少？

20   在 Laupheim 什么无线电导航设备可用？频率是多少？

ED-6 答案

1   VFR 报告点 N48 27.5 E011 48.6 或 248°/19 MBG

2   124.575 MHz

3   民用机场

4   a. N49 08.6 E010 14.3   Dinkelsbuhl VORTAC 117.80 MHz DKB

        b. N48 21.9 E007 49.7   Lahr DME 108.05 MHz LRD

        c. N49 13.7 E007 25.0   Zweibrucken NDB 435 kHz ZBN

5   D 类, 3700 ft（注意这类是部分时间开放的，CTR 不是 24 小时全天开放的）

6   a. 暂停滑行

        b. VFR 和 TMA 航路转换点

        c. NDB

        d. 障碍物群

7   049°T/23.5 NM

8   C、D、E、F、G 类

9   海里和磁方位

10   a. LSZH

        b. 1416 ft

        c. 1000 m

11   VDF 可用

12   0°

13   1999

14   常规航空预报区域

15   FIR 边界

16   23 km

17   126.95 MHz（在图左手边的底部）

18   113.20 MHz HOC

19   FL 130

20   NDB 407 LUP

VFR 部分

在《杰普逊学生手册》的最后部分(终端区后面)是VFR部分,标注了"VFR"。这部分内容是杰普逊Bottlang机场手册的摘录和样例,此手册一般供小飞机和直升机使用。手册中给出了机场和空域数据,如VFR走廊和高度限制。

VFR部分开始几页介绍了图例、总则1-1到6-18(不是连续的)。若要知道图中一个特殊符号的含义,答案肯定在图例中。

在图例的后面是下列几个不同国家的机场的例子:

Aberdeen	U.K.
De Kooy	Netherlands
Athinai	Greece
Hellinikon	Greece
Sabadell	Spain
Esbjerg	Denmark
Barcelona	Spain

VFR 部分问题

1   参考 De Kooy 19-1。

在安静扇区的最低高度是多少?

a. 32800 ft

b. 1500 ft

c. 3500 ft

d. 6500 ft

2   参考 De Kooy 19-1。

22 号跑道 ILS 的频率和 QDM 是多少?

a. 109.70 MHz 216°(M)

b. 109.70 kHz 220°(M)

c. 119.10 MHz 216°(T)

d. 109.70 MHz 216°(T)

3   参考 Sabadell 19-1。

Barcelona 的 ATIS 频率是多少?

a. 119.10 MHz

b. 120.80 MHz

c. 118.65 MHz

d. 738 kHz

4   参考 Esberg 19-2。

跑道 08/26 的尺寸是多少?

a. 2600 ft by 45 ft

b. 8530 ft by 45 ft

c. 8530 m by 45 m

d. 2600 m by 45 m

5   参考 Aerodrome Directory Greece 7-3。

在冬天和夏天该地的当地时和世界协调时(UTC)之间的关系是什么?

冬天	夏天
a. LT − 3 = UTC	LT − 2 = UTC
b. LT + 3 = UTC	LT + 3 = UTC
c. UTC + 2 = LT	UTC + 3 = LT
d. UTC − 2 = LT	UTC − 3 = LT

6   参考 Athinai Hellinikon 29-1。

磁差是多少?

a. 3°E

b. 3°W

c. 图上没有显示

d. 6°E

7   参考 Aberdeen 10-1V。

在 Aberdeen 控制区域的最高障碍物的高度是多少?

a. 2105 ft

b. 1245 ft

c. 1733 ft

d. 1022 ft

8   参考 Aberdeen。

Eastern 滑行道允许的最大翼展是多少?

a. 20 m

b. 20 ft

c. 57 ft

d. 200 ft

VFR部分答案

1   b.

2   a.

3   c.

4   d.

5   c.在那页的顶部可以找到答案,但注意 UTC 和 LT 的关系是反向的。

6   a.很容易漏掉,但在图顶部的中间位置用蓝色字体给出了。

7   c.注意问题问的是在管制区(CTR)而不是 CTA。

         1733 ft 这个高度是在 CTR 的边缘 Inverurie 的西部。

8   a.你需要找到正确的页码——19-3 Ground Movement 部分。

第十三章
航空气象信息

航空气象信息

对于做飞行计划和飞行监控的部门来说,解码相关的航空气象信息是必须掌握的知识。气象报告和预报包括METAR、SPECI、TREND、TAF和SIGMET。

本章是《气象》一书的第22章的缩减版,主要包括飞行计划和监控所需的一些航空气象知识。如果需要深入理解相关的其他气象信息可参考《气象》一书的第22章。

METAR、SPECI和TREND

METAR(机场气象报告)和SPECI(特选报)是在机场观测到的信息。一般是在机场开放时间段提供。TREND是预报,经常指着陆预报,和METAR或SPECI是关联在一起的。不是所有的机场都发布TREND,这取决于观测员是否培训过气象预报相关的内容。

METAR(机场气象报告)和SPECI(特选报)的区别在于METAR(机场气象报告)是有规律的观测报告,一般为一小时或半小时一次,观测间隔取决于机场的交通水平,而SPECI(特选报)是在特定情况下才发布。当在两次METAR(机场气象报告)观测时间之间,之前发布的机场气象报告中有重要的变化时才发布SPECI(特选报)。发布SPECI(特选报)的门槛是某种气象恶化,正朝影响飞行安全的不利方向发展。

代码
METAR和SPECI

表13-1给出了METAR(AFTN 代码SA)或SPECI(AFTN 代码SP)的标准格式。不是所有的报告中都包含所有表中的信息,不合适的信息会跳过。需要的项包括:

> 第1、3和4项:识别组
> 第5项:风
> 第8项:能见度
> 第11项:天气
> 第12项:云
> 第14项:气温
> 第15项:QNH

如果某些内容没有观测到或观测设备故障,相应的信息会用一个字符"/"代替。

表 13-1　　　METAR 或 SPECI 的标准格式

1	METAR 或 SPECI	报告类型的代码。 METAR——机场常规气象报告。 SPECI——机场特殊气象报告。
2	COR 或 NIL	只有对前面发布的报告进行校正(COR)或没有报告存在(NIL)时才使用。
3	CCCC	ICAO 地名代码。
4	YYGGggZ	报告的观测时间(UTC),分别是日期、小时、分钟。
5	AUTO	代表完全自动观测。
6	$dddffGf_mf_m$　KMH 或 KT 或 MPS	向下取整的风向(最近的 10°)和观测前 10 min 的平均风速。如果风向变化大于 60°且风速小于 3 kt 用 VRB 表示。如果风速大于 3 kt 用 VRB(ddd)表示;如果风向变化大于 180°,用 dddff 表示,00000 表示静风;如果在观测前 10 min 内阵风风速大于平均值 10 kt 用 Gf_mf_m 表示。
7	$d_nd_nd_nVd_xd_xd_x$	当风向变化在 60°到 180°之间时,以顺时针方向表示风向的变化区间。
8	VVVV 或 VVVVNDV 或 CAVOK	水平能见度,单位为米。9999 表示能见度大于 10 km。 当使用能见度感应器并且不能给出方向变化时加上 NDV。 CAVOK 的含义见 13 项。
9	$V_NV_NV_NV_ND_V$	水平能见度和之前报告的不同并且小于 1500 m 或 50%。
10	$RD_RD_R/V_RV_RV_RV_Ri$ 或 $RD_RD_R/V_RV_RV_RV_RVV_RV_RV_RV_Ri$	D_R 代表跑道编号,V_R 代表 10 min 的平均跑道视程,单位米(P1500 代表大于 1500 m,M0050 代表小于 50 m),i 代表趋势,用 U(变好)、D(变差)、N(无变化)表示。如果有重大变化,用 V 前后数值代表最小值和最大值。
11	w'w'	与表 13-3 中一致。
12	$N_sN_sN_sh_sh_sh_s(cc)$ 或 $VVh_sh_sh_s$ 或 SKC 或 NSC 或 NCD	$N_sN_sN_s$ 云量报告为 FEW(1~2 oktas)、SCT(3~4 oktas)、BKN(5~7 oktas)和 OVC(8 oktas),云底高($h_sh_sh_s$)单位为百英尺。当观测到积雨云(CB)或高积云(TCU)时会出现(cc)。 如果天空模糊,会给出垂直能见度(VV),单位百英尺。 SKC 代表无云,垂直能见度无限制,CAVOK 不能用。 当 SKC 不能用并且在 5000 ft 或最低扇区高度(取较高值)以下无云并且垂直能见度没有限制时使用 NSC。 NCD 代表自动观测系统没有探测到云。
13	CAVOK	如果能见度大于 10 km,在 5000 ft 或最低扇区高度(取较高值)以下无云,无积雨云或重要的天气现象时用 CAVOK 代替 7~11 项。
14	$T'T'/T'_dT'_d$	温度和露点温度。前缀 M 代表零度以下。
15	$QP_HP_HP_HP_H$	QNH 值,向下取整到个位数。
16	REw'w'	之前观测到的重要天气现象,但本次并没有观测到。
17	$WS\ RWYD_RD_R$ 或 WS ALL RWY	起飞或着陆方向在跑道表面至 1600 ft 之间观测到风切变。 如果所有跑道都受到风切变的影响,用"WS ALL RWY"表示。
18	(WT_sT_s/SS')	如适用,报告海平面的温度和状态。
19	$R_RR_RE_RC_Re_Re_RB_RB_R$	跑道状态组,与表 13-4 一致。

TREND

表13-2给出了TREND的标准格式。如果发布,TREND会在METAR的第18项(表13-1)后边发布。

TREND预测时段是观测时间(表13-1的第4项)后2 h。

表13-2　TREND的标准格式

1	TTTTT 或 NOSIG	NOSIG表示没有重要变化。 BECMG(TTTTT)表示从某个时刻开始某种变化达到或超过某个特殊值。 TEMPO(TTTTT)表示短时变化。
2	TTGGgg	GGgg表示某时某刻,FM表示开始,TL表示结束,AT表示在某个时刻。
3	dddffGf$_m$f$_m$　KMH或 　　　　　　KT 或 　　　　　　MPS	见表13-1的第6项。
4	VVVV 或 CAVOK	见表13-1的第8项。
5	w'w' 或 NSW	天气代码见表13-3。 NSW代表重要天气现象的结束。
6	N$_s$N$_s$N$_s$h$_s$h$_s$h$_s$(cc) 或 VVh$_s$h$_s$h$_s$ 或 SKC 或 NSC	见表13-1的第12项。
7	RMK	不应该国际传播的信息部分的开头。如果没有TREND发布,RMK紧跟表13-1中的第19项发布。

天气代码(W'W')

表 13-3　天气代码(w'w')

强度或概率	–	轻的。	只有 TS、降水、PO 或 FC 使用。
		中等的(没有指示符)。	
	+	严重的。	
	VC	在机场附近。在机场周围 8 km 内但不包括机场。不特别说明降水的强度或类型。	
描述	MI	浅的,薄的。距地面 2 m 高度上的能见度为 1000 m 或更大,雾层中的能见度明显小于 1000 m。	可能与雾 FG 组合使用。
	BC	成片的。机场周围有成片的雾。	
	PR	部分的。机场的部分地方有雾。	
	DR	低吹,距地面 2 m 以下。	可能与雪(SN)、尘土(DU)、沙(SA)组合使用。
	BL	吹,距地面 2 m 或以上。	
	SH	阵性的。	
	TS	雷暴。观测前 10 min 探测到雷暴。	
	FZ	冻雨。以雾或降水呈现的过冷水滴。	
降水	DZ	毛毛雨。	
	RA	雨。	
	SN	雪。	
	SG	雪粒。	
	IC	冰晶。	
	PL	冰丸。	
	GR	冰雹。	
	GS	小冰雹。	
模糊物	BR	轻雾。	
	FG	雾。	
	FU	烟幕。	
	VA	火山灰。	
	DU	尘土。	
	SA	扬沙。	
	HZ	霾。	
其他	PO	旋转的沙子(尘暴)。	
	SQ	暴风。	
	FC	漏斗云(龙卷风)。	
	SS	沙暴。	
	DS	尘暴。	

根据天气现象的特性,表13-3中的天气代码可以单独或组合使用。如果是混合降水,先写主要的类型,其他类型紧随其后。下面是天气代码如何使用的几个例子:

- ➢ VCTS　　　　机场附近有雷暴
- ➢ +SHRASNGS　强阵雨中夹杂雪和小冰雹
- ➢ BCFG–DZRA　成片的雾,毛毛雨和雨
- ➢ FZRA　　　　中等强度的冻雨

跑道状态组

表13-4　跑道状态组代码

R_RR_R	跑道指示码	05=05号跑道或05L跑道　　右跑道加50: 55=05R跑道 26=26号跑道或26L跑道　　右跑道加50: 76=26R跑道 88=所有跑道 99=当没有收到新的信息时用99代替之前的信息
ER	跑道沉淀物	0 = 干净的干跑道　　　　5 = 湿雪 1 = 潮湿　　　　　　　　6 = 融雪 2 = 湿或水斑　　　　　　7 = 冰 3 = 雾凇或霜　　　　　　8 = 压紧的或滚压的雪 (厚度一般小于1 mm)　9 = 冻结的槽或脊 4 = 干雪 / =没有报告(例如:由于跑道清扫工作正在进行中)
CR	跑道污染程度	1 = 10% 或更少 2 = 11% ~ 25% 5 = 26% ~ 50% 9 = 51% ~ 100% / = 没有报告(例如:由于跑道清扫工作正在进行中)
e_Re_R	沉淀物的深度	00 = 小于1 mm　　　01 = 1 mm一直到90 = 90 mm 91 = 没有使用　　　92 = 10 cm 93 = 15 cm　　　　94 = 20 cm 95 = 25 cm　　　　96 = 30 cm 97 = 35 cm　　　　98 = 40 cm或更多 99=由于雪、融雪、冰、强雷暴或跑道正在清洁导致无法运行的跑道,且没有报告沉淀物深度的跑道 // = 沉淀物的深度对操作不重要或没有测量
B_RB_R	摩擦系数/刹车效应	如果摩擦系数可用,使用下列代码: 20 = 0.20 35 = 0.35 48 = 0.48 等等 如果摩擦系数不可用,使用下列代码报告刹车效应: 91 = 差 92 = 中等/差 93 = 中等 94 = 中等/好 95 = 好 99 = 数据不可靠 // = 刹车效应没有报告,跑道没有运作、关闭等

如果跑道上有降水或其他影响跑道的现象并且清理工作已完成,污染状况已消除,在跑道状态组使用CLRD。下面是几个例子:

➤ 16491237　　16号跑道有51%~100%的面积被深度12 mm的干雪覆盖,摩擦系数为0.37
➤ 88//99//　　由于正在扫雪,所有跑道没有运行
➤ 86CLRD95　　36R跑道污染物已清除,刹车效应好

TAF

TAF(AFTN代码FC或FT)是按一定间隔发布的机场预报。预报的有效期为9 h至24 h。有效期小于12 h的TAF报是每3 h发布一次,有效期大于12 h的TAF报是每6 h发布一次。在欧洲标准的TAF是9 h的短TAF(FC)和24 h的长TAF(FT)。

代码

表13-5　TAF的标准格式

1	TAF	报告类型的代码。 METAR——机场常规气象报告。 SPECI——机场特殊气象报告。
2	COR 或 AMD	对之前报告的校正使用COR,修补报告使用AMD。
3	CCCC	ICAO地名代码。
4	YYGGggZ	预报的开始日期和时间。
5	NIL	没有预报发布。
6	$Y_1Y_1G_1G_1G_2G_2$	预报的日期,有效时间段。
7	CNL	预报取消。
8	$dddffGf_mf_m$　KMH 或 KT 或 MPS	预报的平均风向和风速。如果风向变化不定且风速小于3 kt用VRB表示。用00000代替dddff,表示静风。如果阵风风速大于平均值10 kt用Gf_mf_m表示。
9	VVVV 或 CAVOK	主要是水平能见度,单位为米。9999表示能见度大于10 km。 CAVOK的使用见第13项。
10	w'w' 或 NSW	天气代码与表13-3一致。 NSW(没有重要天气现象)表示重要天气现象的结束。
11	$N_sN_sN_sh_sh_sh_s(cc)$ 或 $VVh_sh_sh_s$ 或 SKC 或 NSC	$N_sN_sN_s$云量预测为FEW(1~2 oktas)、SCT(3~4 oktas)、BKN(5~7 oktas)和OVC(8 oktas),云底高($h_sh_sh_s$)单位为百英尺。当观测到积雨云(CB)或高积云(TCU)时会出现(cc)。 如果天空模糊,会给出垂直能见度(VV),单位为百英尺。 SKC代表无云,垂直能见度无限制,CAVOK不能用。 当CAVOK或SKC不适用,并且在5000 ft或最低扇区高度(取较高值)以下无云,无积雨云时使用NSC。
12	CAVOK	如果能见度大于10 km,在5000 ft或最低扇区高度(取较高值)以下无云,无积雨云且无重要的天气现象时用CAVOK代替9~11项。

13	PROBC₂C₂ GGG₆G₆	预测某种气象现象出现的概率。C₂C₂用30或40代替表示概率为30%或40%。GGG₆G₆表示开始和结束的时间,单位是小时。
14	TTTTT GGG₆G₆ 或 TTGGgg	BECMG(TTTTT)表示从GG小时开始某种变化达到或超过某个特殊值,到G₆G₆这种变化结束。 TEMPO(TTTTT)表示短时变化,即变化时间小于半小时。变化时间小于有效时间段的一半时给出变化出现的时间间隔在GG和G₆G₆之间。
15	TXTₑTₑ/GₚGₚZ TNTFTF/GFGFZ	预报最高温(TX)和最低温(TN)及出现的时间。温度在零度以下用前缀M表示。

表13-5给出了TAF的标准格式。必须报告的项是:
  ➢ 第1、3、4和6项   识别标志和有效时间段
  ➢ 第8项   风
  ➢ 第9项   能见度
  ➢ 第10项   天气现象
  ➢ 第11项   云

第14项是表示变化的,用BECMG表示永久的变化,TEMPO表示短时的波动。只有前面描述了这个元素,这里才能给出变化。也就是说不是取代前面的信息。在TAF的有效期内可能不止一组现象发生变化。

一定要牢记:TEMPO是指某个现象短时的波动,过了TEMPO的时间段后该现象与TEMPO时间段开始之前的现象一样。

如果TAF中的所有现象在某个时间段都发生变化,使用代码FM,后面紧接着时间(时和分)。所有现象将被替代,也就是说这是一个新的预报时间段的开始。

AIRMET、SIGMET 和特殊空中报告

AIRMET和SIGMET的格式及缩写类似,但覆盖范围不同,它们之间的区别在于各自的定义不同。

AIRMET

AIRMET是由气象监视台发布的信息,信息包括观测到的或预测的影响低空运行安全的特定航路天气现象,但不包括飞行情报区域为低空飞行所发布的信息。

SIGMET

SIGMET是由气象监视台发布的信息,信息包括观测到的或预测的影响飞机运行安全的特定航路天气现象。SIGMET SST是为跨音速或超音速飞行发布的。

特殊空中报告

特殊空中报告是实际观测到的给定气象现象,没有预测的现象。

表13-6给出了上述报告的格式和缩写。距离和速度的单位为NM/KT或KM/KMH。如果表13-6中没有解释,一些缩写列在表13-8中了。

表 13-6　AIRMET/SIGMET/特殊空中报告的标准格式

		AIRMET	SIGMET	SIGMET SST	Special air report
1	ATS unit	ICAO Location Indicator for the ATS unit serving the FIR or CTA to which the SIGMET/AIRMET refers.			N/A
2	Identification	Message identification and sequence number corresponding to the number of messages issued for the FIR/CTA since 0001 UTC on the day concerned.			**ARS**
		AIRMET [nn]n	**SIGMET** [nn]n	**SIGMET SST** [nn]n	
3	Validity period	**VALID** YYGGgg/YYGGgg (Date and time in hours and minutes UTC).			Withdrawn 60 min after issue.
4	MWO	CCCC– (ICAO Location Indicator of the MWO (Meteorological Watch Office) originating the message).			N/A
5	FIR/CTR or aircraft identification	nnnnnn **FIR**	nnnnnn **FIR[/UIR]** or **CTR**		Aircraft callsign
6	Phenomenon causing the issuance of the report	Phenomenon coded in accordance with table 13–7.			
7	Phenomenon being observed or forecast	**OBS [AT** GGgg**Z]** **FCST** **OBS [AT** GGgg**Z] AND FCST**			**OBS AT** GGgg**Z**
8	Location (latitude and longitude or geographical position)	[N OF, NE OF, E OF, SE OF, S OF, SW OF, W OF, NW OF] Nnnnn Ennnnn Nnnnn Wnnnnn Snnnn Ennnnn Snnnn Wnnnnn Geographical position			**Nnnnn Ennnnn** **Nnnnn Wnnnnn** **Snnnn Ennnnn** **Snnnn Wnnnnn**
9	Level or vertical extent	**FLnnn** or **FLnnn/nnn** or **TOP FLnnn** or **[TOP] ABV FLnnn** or **[TOP] BLW FLnnn** For tropical cyclone: **CB TOP [ABV] FLnnn WI nnnNM OF CENTRE** **CB TOP [BLW] FLnnn WI nnnNM OF CENTRE** For volcanic ash: **FLnnn/nnn [APRX nnnNM BY nnnNM]** **Nnnnn** or **Snnnn, Ennnnn** or **Wnnnnn TO** **Nnnnn** or **Snnnn, Ennnnn** or **Wnnnnn**			**FLnnn**
10	Movement or expected movement or stationary	**MOV N [nnKT]** or **MOV NE [nnKT]** or **MOV E [nnKT]** or **MOV SE [nnKT]** or **MOV S [nnKT]** or **MOV SW [nnKT]** or **MOV W [nnKT]** or **MOV NW [nnKT]** **STNR**			N/A
11	Changes in intensity	**INTSF** or **WKN** or **NC**			N/A
12	Forecast position (only volcanic ash clouds and tropical cyclones)	N/A	**FCST** GGgg**Z TC CENTRE Nnnnn** or **Snnnn, Ennnnn** or **Wnnnnn** **FCST** GGgg**Z VA CLD Nnnnn** or **Snnnn, Ennnnn** or **Wnnnnn TO** **Nnnnn** or **Snnnn, Ennnnn** or **Wnnnnn**		N/A
13	Outlook (only volcanic ash cloud and tropical cyclones)	N/A	**OTLK** YYGGgg **TC CENTRE Nnnnn** or **Snnnn, Ennnnn** or **Wnnnnn** YYGGgg **TC CENTRE Nnnnn** or **Snnnn, Ennnnn** or **Wnnnnn** **OTLK** YYGGgg **VA CLD APRX [FLnnn/nnn] Nnnnn** or **Snnnn, Ennnnn** or **Wnnnnn** YYGGgg **VA CLD APRX [FLnnn/nnn] Nnnnn** or **Snnnn, Ennnnn** or **Wnnnnn**		N/A
14	Cancellation of SIGMET/AIRMET	**CNL AIRMET** [nn]n YYGGgg/YYGGgg	**CNL AIRMET** [nn]n YYGGgg/YYGGgg	**CNL AIRMET** [nn]n YYGGgg/YYGGgg	N/A

AIRMET/SIGMET/特殊空中报告的现象代码

表 13-7 AIRMET/SIGMET/特殊空中报告的现象组代码

AIRMET	SIGMET	SIGMET SST	Special air report
SFC WSPD ffKT (Surface windspeed) **SFC VIS VVVVM (w'w')** (Surface visibility) **ISOL TS** (Isolated/individual TS) **OCNL TS** (Occasional/well separated TS) **MT OBSC** (Mountain obscured) **BKN CLD** $h_sh_sh_s/h_Th_Th_T$**FT** (Broken clouds base/tops) **OVC CLD** $h_sh_sh_s/h_Th_Th_T$**FT** (Overcast clouds base/tops) **ISOL CB** (Isolated/individual CBs) **OCNL CB** (Occasional/well separated CBs) **FRQ CB** (Frequent/little or no separation CBs) **ISOL TCU** (Isolated/individual TCUs) **OCNL TCU** (Occasional/well separated TCUs) **FRQ TCU** (Frequent/little or no separation TCUs **MOD TURB** (Moderate turbulence) **MOD ICE** (Moderate icing) **MOD MTW** (Moderate mountain waves)	**OBSC TS** (Obscured TS) **EMBD TS** (Embedded TS) **FRQ TS** (Frequent/little or no separation TS) **SQL TS** (Squall line/along a line with little or no separation TS) **TC** nnnnnnnn (Tropical cyclone [name]) **SEV TURB** (Severe turbulence) **SEV ICE** (Severe icing) **SEV ICE FZRA** (Severe icing, freezing rain) **SEV MTW** (Severe mountain waves) **HVY DS** (Heavy duststorm) **HVY SS** (Heavy sandstorm) **VA ERUPTION MT** nnnnnn **LOC N**nnnn or **S**nnnn, **E**nnnnn or **W**nnnnn (Volcanic ash eruption from mount [name] located [lat/long]) **VA CLD** (Volcanic ash cloud)	**MOD TURB** (Moderate turbulence) **SEV TURB** (Severe turbulence) **ISOL CB** (Isolated/individual CBs) **OCNL CB** (Occasional/well separated CBs) **FRQ CB** (Frequent/little or no separation CBs) **GR** (Hail) **VA ERUPTION MT** nnnnnn **LOC LOC N**nnnn or **S**nnnn, **E**nnnnn or **W**nnnnn (Volcanic ash eruption from mount [name] located [lat/long]) **VA CLD** (Volcanic ash cloud)	**TS** (Thunderstorm) **TSGR** (Thunderstorm and hail) **SEV TURB** (Severe turbulence) **SEV ICE** (Severe icing) **SEV MTW** (Severe mountain waves) **HVY SS** (Heavy sandstorm) **VA CLD FLnnn/nnn** (Volcanic ash cloud base/tops) **VA MT** nnnnnn (Volcanic ash from mount [name]) **MOD TURB** (Moderate turbulence) **GR** (Hail) **CB** (Cumulonimbus)

航空气象常用的缩写

表13-8　航空气象缩写符号

AMD	Amend, amended	**ICE**	Icing	**PROB**	Probability
ASSW	Associated with	**INTER**	Intermittent	**SAND**	Sandstorm
BLW	Below	**INTSF**	Intensify(ing)	**SEV**	Severe (icing, turbulence etc.)
CAT	Clear air turbulence	**LAN**	Land	**SFC**	Surface
CLD	Clouds	**LOC**	Locally	**SLW**	Slow
COT	Coast	**LSQ**	Line squall	**STNR**	Stationary
CUF	Cumuliform	**LYR**	Layer(ed)	**TDO**	Tornado
DEG	Degrees	**MAX**	Maximum	**TEMPO**	Temporary, temporarily
FBL	Light (icing, turbulence etc.)	**MNM**	Minimum	**TOP**	Cloud top
FCST	Forecast	**MOD**	Moderate (icing, turbulence etc.)	**TURB**	Turbulence
FL	Flight level	**MON**	Mountain(s)	**UNL**	Unlimited
FPM	Feet per minute	**MOV**	Move, moving	**VRBL**	Variable
FRQ	Frequent	**MTW**	Mountain waves	**VSP**	Vertical speed
FT	Feet	**NC**	No change	**WDSPR**	Widespread
FZLVL	Freezing level	**NIL**	None, not existent	**WI**	Within
GND	Ground	**OBS**	Observe(d), observation	**WKN**	Weaken(ing)
GRADU	Gradual(ly)	**OBSC**	Obscure(d), obscuring	**WSPD**	Windspeed
HURCN	Hurricane	**OCNL**	Occasional(ly)	**WX**	Weather
HVY	Heavy				

　　表13-8中的航空气象缩写符号可能出现在上述气象报告中。不同区域对这些缩写的使用可能会存在一些差别。

报告例子

METAR和SPECI

METAR SA ENTC 181020Z 18023G34KT CAVOK M04/M13 Q1019 NOSIG RMK WIND 2600FT 17050G73KT=

Tromsø机场在当月18日10点20(UTC)发布的METAR报。风向180°,风速23 kt,阵风34 kt。能见度大于10 km,没有重要的天气现象,5000 ft或MSA以下无云,没有积雨云。温度–4 ℃,露点–13 ℃。修正海压1019 hPa。两小时内没有重要的天气变化。补充信息:在2600 ft,风向170°,风速50 kt,阵风73 kt。

METAR SA ENGM 210850Z 00000KT 5000 1000SE R19R/P1500U R01R/0450V0800D PRFGNSC M07/M09 Q1031 TEMPO 0700 FZFG VV001=

Oslo Gardermoen机场在当月21日0850(UTC)发布的METAR报。无风。能见度5000 m,东南方向能见度1000 m。19号右跑道的跑道视程大于1500米,并有上升趋势。01号右跑道的跑道视程在450 m和800 m之间变化并有下降的趋势。机场的部分区域有雾。在5000 ft或MSA以下无云,没有积雨云。温度–7 ℃,露点–9 ℃。修正海压1031 hPa。在接下来的两小时内,最多有一个小时的能见度为700 m,有冻雾,垂直能见度100 ft。

SPECI SP EDDS 121304Z 08003KT 9999 TSRA BKN040CB 23/14 Q1024 BECMG FM1330 NSW=

Stuttgart机场在当月12日1304(UTC)发布的SPECI报。风向80°,风速3 kt。能见度大于10 km。有雷暴和雨。多云,积雨云,云底高4000 ft。温度23 ℃,露点14 ℃。修正海压1024 hPa。从世界协调时的1330开始,没有重要的天气现象。

TAF

TAF FC UUWW 231330Z 231524 12003MPS 4000 BR SCT007 TEMPO 1724 0900 FG DZ OVC004=

Moscow Vnukovo机场在当月23日1330(UTC)发布的短TAF报。有效期为世界协调时1500至2400。预报风向120°,风速3 m/s。能见度4 km,有轻雾。2至4个云分量,云底高700 ft。在世界协调时的1700至2400之间有短时波动,能见度900 m,有雾,中等强度的毛毛雨,8分量的云,云底高400 ft。期间风向风速不变。

TAF FT EKCH 081040Z 081818 20015KT 8000 BKN012 BECMG 1820 20015G30KT 4000 RABKN008 BECMG 2022 24020G30KT 9999 NSW SCT025 TEMPO 2210 5000 SHRA BKN012CB FM1000 29025G38KT 9999 SCT025 TEMPO 1018 4000 SHRAGS BKN010CB BEC-MG 121431030G48KT BECMG 1517 31025G38KT

Copenhagen Kastrup机场在当月8日10点40分(UTC)发布的长TAF报。有效期为世界协调时的8日18点至9日18点。预报风向200°,风速15 kt。预报能见度8 km。5至7个云分量,云底高1200 ft。

从18点20分开始,风向为200°,风速15 kt,阵风30 kt。能见度4000 m,有中雨。5至7个云分量,云底高 1200 ft。

从 20 点 22 分开始,风向为 240°,风速 20 kt,阵风 30 kt。能见度大于 10 km,无重要的天气现象。3 至 4 个云分量,云底高 2500 ft。

在 22 点至 9 日 10 点之间天气又短时波动。能见度 5 km,有中等强度的阵雨。5 至 7 个云分量,积雨云,云底高 1200 ft。期间风向风速不变,仍为风向为 240°,风速 20 kt,阵风 30 kt。

从 10 点开始,风向 290°,风速 25 kt,阵风 38 kt。能见度大于 10 km。3 至 4 个云分量,云底高 2500 ft。

在 10 点到 18 点之间,天气现象有短时波动。能见度 4 km,有中等强度的阵雨并夹杂小冰雹。5 至 7 个云分量,云底高 1000 ft。期间风向风速不变,仍为风向 290°,风速 25 kt,阵风 38 kt。

在 12 点至 14 点之间,风向 310°,风速 30 kt,阵风 48 kt。能见度、天气和云与之前一样,没有变化,即能见度大于 10 km,无重要的天气现象。3 至 4 个云分量,云底高 2500 ft。

在 15 点至 17 点之间,风向 310°,风速 25 kt,阵风 38 kt。能见度、天气和云与之前一样,没有变化,即能见度大于 10 km,无重要的天气现象。3 至 4 个云分量,云底高 2500 ft。

****

TAF FC ZGGG 080708Z 080918 04004MPS 8000-RA OVC033 TX15/09Z TN13/18Z=

这是一个在当月 8 号 0708UTC 发布的 9 小时 TAF 报。有效期为 0900UTC 至 1800UTC。广州机场,风向 40°T,风速 4 m/s,能见度 8000 m,小雨,7 至 8 个云分量,云底高 990 m,最高温 15 ℃,出现在 0900 UTC,最低温 13 ℃,出现在 1800UTC。

****

SIGMET

EGTT SIGMET 05 VALID 081510/081830 EGRR-

EGTTLONDON FIR ISOL SEV TURB FCST BLW FL060 WITHIN 10NM OF A LINE N5100 W00500 TO N53000 E00300 MOV S 40KT NC=

Bracknell 世界区域预报中心(WAFC)发布的伦敦空中交通管制中心第 5 号 SIGMET,有效期为世界协调时的当月 8 日 15 点 10 分至 18 点 30 分。

在伦敦飞行情报区内,N51 00 W005 00 和 N53 00 E003 00 两点连线的 10 NM 内飞行高度层 FL 60 以下有孤立的严重颠簸,并以 40 kt 的速度向南移动,强度不变。

EDWW SIGMET 02 VALID 180900/181200 EDZH-

EDWWBREMEN FIR EMBD TS FCST NW, C AND SE PART TOP FL350 MOV NNE NC=

由 Hamburg 气象区域中心发布的 Bremen 区域管制中心第 2 号 SIGMET,有效期为世界协调时的当月 18 日的 9 点至 12 点。

在 Bremen 飞行情报区内的西北、中心和东南部分有隐藏的雷暴,云顶高在 FL 350,正向北–东北方向移动,强度不变。

ENSV SIGMET 04 VALID 180640/181025 ENVV -

NORWAY FIR LOC MOD/SEV CAT OBS AND FCST BTN FL180 AND FL300. S OF N6200

AND W OF E00730. WKN W PART LATE=

由 Bergen 气象预报中心发布的 Stavanger 空中交通管制中心第 4 号 SIGMET，有效期为世界协调时的当月 18 日的 6 点 40 分至 10 点 25 分。

在 Norway 飞行情报区，观测到局部中等到严重晴空颠簸，预测在 N62 00 以南和 E007 30 以西的 FL 180 至 FL 300 之间有中等到严重晴空颠簸，在西部强度稍后会减弱。

LIRR SIGMET 03 VALID 121000/121600 LIMM-

ROMAFIR FBL VA LAST OBS（120530Z BY LICZ）EXT 5 NM E OF ETNA FL070/110 MOV E40 KT=

由 Milano 区域管制中心发布的 Roma 区域管制中心第 3 号 SIGMET，有效期为世界协调时的当月 12 日的 10 点至 16 点。

在 Roma 飞行情报区，在世界协调时的当月 12 日的 5 点 30 分 Sigonella 观测到微弱的火山灰，在 Etna 的东边 FL 70 和 FL 110 之间有 5 NM 的火山灰，并正以 40 kt 的速度向东移动。

AIRMET

LSAS AIRMET 5 VALID 091400/091700 LSZH-

LSAS SWITZERLAND FIR MOD ICE OBS 2500 FT AMSL/FL120 ALPS AND N OF ALPS STNR NC AND MOD TURB OBS STNR NC=

由 Zürich 发布的 Switzerland 飞行情报区/高空飞行情报区第 5 号 SIGMET，有效期为世界协调时的当月 9 日的 14 点至 17 点。

在 Switzerland 飞行情报区内，在 Alps 和 Alps 北部在平均海平面以上 2500 ft 至 FL 120 之间观察到中度积冰，并在该区域静止不动，强度不变。同时，还观察到中度颠簸，也是静止不动，强度不变。

SPECIAL AIR REPORT

LOWW 120921

ARS

ENRT ACFT MEDIUM MOD TURB OBS AT 0918Z NE PART FL290. =

Wien Schwechat 在世界协调时的当月 12 号 9 点 21 分发布的特殊空中报告。航路上的一架中型飞机在 9 点 18 分（UTC）观察到在 FL 290 上东北部有中度颠簸。

第十四章
高空天气图

简介

根据飞行计划和监控部门的要求,需要掌握的航空气象图是重要天气图(SIGWX)和高空风温图(WT)。这两种图都是要覆盖一定的地理区域(如:欧洲、远东、南大西洋等)和在给定时间有效,0000 UTC、0600 UTC、1200 UTC和1800 UTC。同时,这两种图都是在给定时间的预测情况。

这章是《气象》一书中第24章的简略版,主要包括飞行计划和监控所需的航空气象信息。关于其他天气信息的深入解释和描述请参考《气象》一书的第24章。

重要天气图

符号	含义	符号	含义
R	Thunderstorms	,	Drizzle
6	Tropical cyclone	/// /// /// ///	Rain
⌄⌄	Severe squall line[1]	★	Snow
⌒	Moderate turbulence	▽	Shower
⌃	Severe turbulence	┼	Widespread blowing snow
◯	Mountain waves	S	Severe sand or dust haze
ⱷ	Moderate aircraft icing	Ƨ	Widespread sandstorm or dust storm
ⱷ	Severe aircraft icing	∞	Widespread haze
≡	Widespread fog	=	Widespread mist
△	Hail	～	Widespread smoke
△	Volcanic eruption[2]	～	Freezing precipitation[3]
		■	Visible ash cloud

图14-1 SIGWX 符号

图14-1 给出了重要天气图中常用的符号。不同的图上符号可能会稍有变化。

重要天气图一般分两个高度层组发布,正如图中所示。有些图可能从地面开始,有些从某个高度开始,一般为FL 100或FL 260。高空图一般是FL 450或FL 630。

图14-2 给出了欧洲的重要天气图。图中的信息在后面几页给出解释。

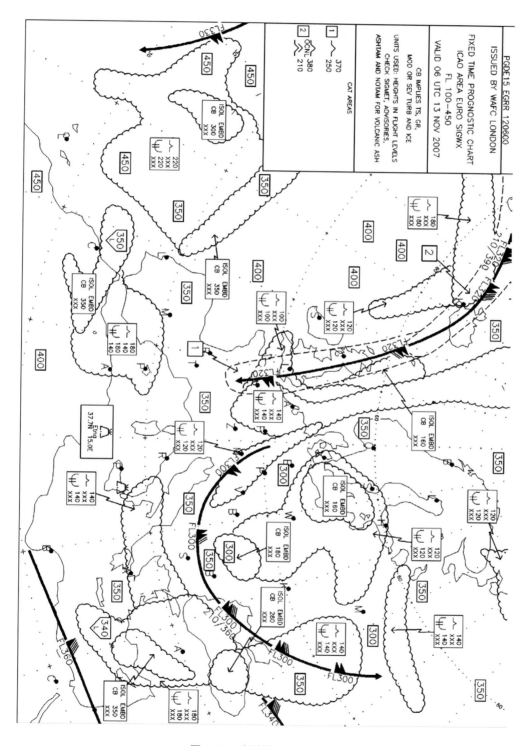

图14-2　欧洲的重要天气图

信息框

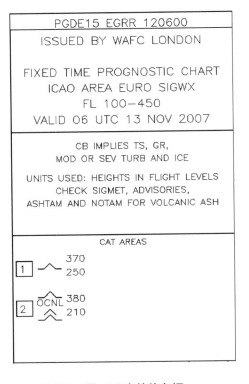

图14-3　图14-2中的信息框

信息框中包含下列信息：

➢ 图的代码（PGDE15）和由EGRR在当月12号的6点（UTC）发布

➢ 此图是欧洲的固定时间的重要天气预报图

➢ 此图覆盖范围是FL 100至FL 450之间

➢ 此图的有效期是2007年11月13号的6点（UTC）

➢ CB暗示有雷暴、大冰雹和中等到严重的颠簸和积冰

➢ 高度是用高度层表示的

➢ 火山灰的信息由SIGMET、通告、ASHTAM和NOTAM给出

➢ 晴空颠簸区域（CAT）

这个信息框一般在重要天气图的边缘上，而不会在顶部、右上角的位置，尽管它包含了同样多的信息。

这个图给出了经纬线和海岸线的草图，用虚线构成的网格表示。经线和纬线都是10°一个间隔。图上有字母的黑点显示了大城市的位置。

对流层顶的高度

如图14-4所示,有3个数字的方框表示了那个位置的对流层顶高度,单位是百英尺。有两个位置都是FL 450,第3个位置是FL 350。350下面的字母L和向下的箭头表示是这个区域的最低对流层顶高度。类似的向上的箭头表示指定区域的最高对流层顶高度。

为了得到任一点的对流层顶高度,可在给出高度的两点之间做线性插值。图中在经线和纬线相交的海岸线上,对流层顶的高度大概是FL 400。

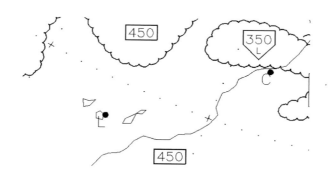

图14-4　对流层顶的高度

天气区域和活动的火山

天气区域以云的形状包围着给出,如图14-5所示。云的形状中会有一个信息框,或用箭头指向这里。在Italy南部和Greece的FL 100至FL 140之间有中等强度的颠簸。在图的最低高度和FL 140之间也可能有中等强度的积冰。

在图14-5的右边有一个区域写着"ISOL EMBD CB",高度上限FL 350,下限为图的下限。由图14-3的信息框可知,在这个区域飞行会遇到中等或严重颠簸和积冰。

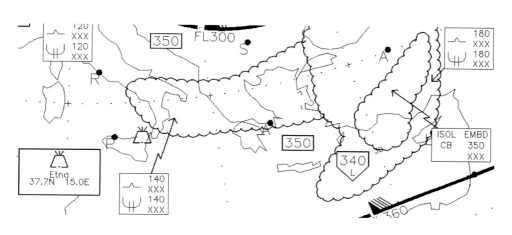

图14-5　天气区域和活动的火山

当某个区域有活动的火山时,会用火山的符号和一个信息框表示出来,信息框中会描述火山的名称和经纬度坐标。本图中的火山是Etna,位于Sicily。

高空急流和晴空颠簸区域

图14-6给出了从Iceland到British Isles南部的部分高空急流。高空急流用带有箭头的粗的黑实线表示,箭头表示移动方向。风速的符号和风温图中的表示方法一样,一个短线表示5 kt,长线表示10 kt,黑三角表示50 kt。图中急流的风速在Iceland是140 kt,在France北部是100 kt。在风速的下面给出了中心高度层是FL 320。

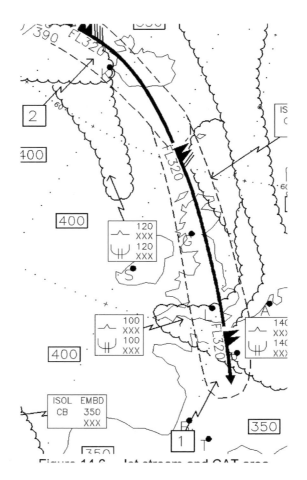

图14-6 高空急流和晴空颠簸区域

如果两条线成直角跨越中心,表示风速变化很快,大于20 kt,或中心高度层变化很快,大于3000 ft。黑线的末端表示中心高度层的风速小于80 kt。

在这个高空急流区附近有个晴空颠簸区,用虚线表示。颠簸的程度和垂直范围在信息框中给出,如图14-3所示。这里有两个晴空颠簸区,用数字1和2表示在矩形框中或用箭头指向这个区域。1号和2号晴空颠簸区的分界线很难在图上标出,但大概在中间风速为120 kt的地方,即Scotland的北部。

1号晴空颠簸区有中度颠簸,垂直范围为FL 250至FL 370之间,2号晴空颠簸区有中度颠簸,偶尔为严重颠簸,垂直范围为FL 210至FL 380之间。

高空风温图

高空风温图显示的是给定高度上预报的风向风速和温度。图的有效期和重要天气图一样（0000 UTC、0600 UTC、1200 UTC 和 1800 UTC）。包括的高度层为：

➢ FL 050
➢ FL 100
➢ FL 180
➢ FL 240
➢ FL 300
➢ FL 340
➢ FL 390
➢ FL 450

风温图覆盖的区域也和重要天气图类似。不同高度层覆盖的范围可能会有变化。在图的设计上也会有较小的差异，但都显示同样的信息。

在 JAA 考试中关于风温图的问题，需要注意几个事项：

➢ 当问及给定位置的温度时，确保使用的是正确的高度层。由于高度层选的不一样，经常出现选错答案的情况。如果什么都没有给出，按照高度升高 1000 ft 温度降低 2 ℃ 来计算合适的温度。

➢ 对于方向，要根据相对于真北的经线给出，而不是相对于图的正上方。这是一个常见的错误。

➢ 如果问及 ISA 偏差，注意 FL 360/36000 ft 以上标准温度为常数−56.5 ℃。

图 14-7 给出了一个风温图的例子，是欧洲区域 FL 300 上的，下面解释图中的信息。

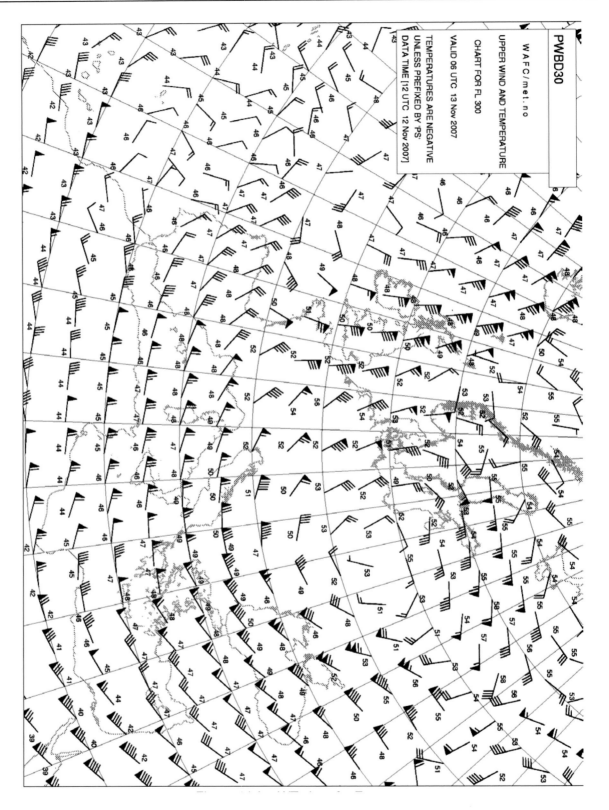

图 14-7　欧洲区域的风温图

信息框

信息框中包含下列信息：

> ➤ 图的代码（PWBD30）

> ➤ 信息的来源（WAFC/met.no）

> ➤ 这是 FL 300 上的风温图

> ➤ 生效日期是 2007 年 11 月 13 号 0600（UTC）

> ➤ 图中的温度是负的，除非温度前有前缀 PS

> ➤ 图中的信息是基于 2007 年 11 月 12 号 1200（UTC）的数据

这个信息在所有风温图上都能找到，在图的边缘上，与在重要天气图上的形式类似。

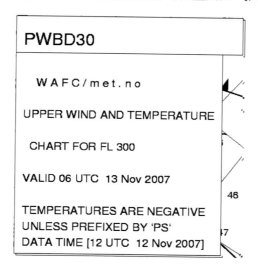

图 14-8　图 14-7 中的信息框

图上显示了海岸线和经纬线的标准轮廓，用实线网格表示。经纬线都是一格代表 5°。和重要天气图一样，有些图上会用带有字母的黑点显示大城市的位置。

风和温度信息

在风的箭头附近的数字表示温度。正如信息框中所述，所有的温度指的都是负温度，除非有前缀 PS。图 14-9 中的温度都在 −50 ℃左右。

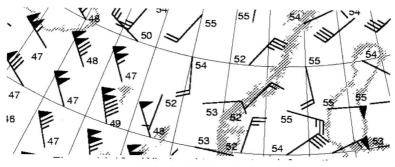

图 14-9　风和温度信息

带有线段或三角的箭头指示风向。风速的指示也代表了箭头的末端,也就是说,风从风速指示吹向箭头的另一端。

风速的代码是:

> 短线表示5 kt
> 长线表示10 kt
> 三角表示50 kt

当确定风向时,有两个事项经常会忘记:

> 风向是指风吹来的方向,也就是向箭头的反方向吹
> 为了确定正确的方向,必须使用相对真北的经线,而不是相对图的顶端

在图14-9的左下角的风,风向大概是320°,风速是75 kt,温度是–47 ℃。

平均风和温度

图14-10给出了一个航路的例子,从D点到F点。

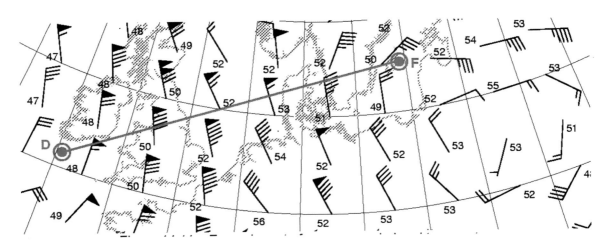

图 14-10　航路平均风和温度的例子

平均温度是标准平均值,也就是所有温度相加,再除以总个数。如果航路是在两个给定温度的点之间,就根据这两个数进行线性插值。

从D点到F点,可以使用的温度读数是:

> –48 ℃
> –50 ℃
> –52 ℃
> –53 ℃
> –52 ℃
> –50 ℃

则平均温度是[(–48 ℃)+(–50 ℃)+(–52 ℃)+(–53 ℃)+(–52 ℃)+(–50 ℃)]÷6 = –50.8 ℃

同样的原理可以计算平均风向风速。在北极风速变化时必须要注意,像这个例子,方向会相差180°。最好的方法是肉眼观察平均风向,然后计算平均风速。

肉眼观察风向是指检查风向并估计平均值。D点风向大概是360°,后面是330°,F点是50°。这样估计平均风向为10°。

对于风速,在两个给定值之间同样可以线性插值。在本例中风速是:

- ➢　65 kt
- ➢　100 kt
- ➢　65 kt
- ➢　53 kt
- ➢　45 kt
- ➢　35 kt

则平均风速为(65 kt + 100 kt + 65 kt + 53 kt + 45 kt + 35 kt)÷ 6 = 60.5 kt

所以从D点到F点的平均风向为10°,风速为61 kt,平均温度为-51 ℃。

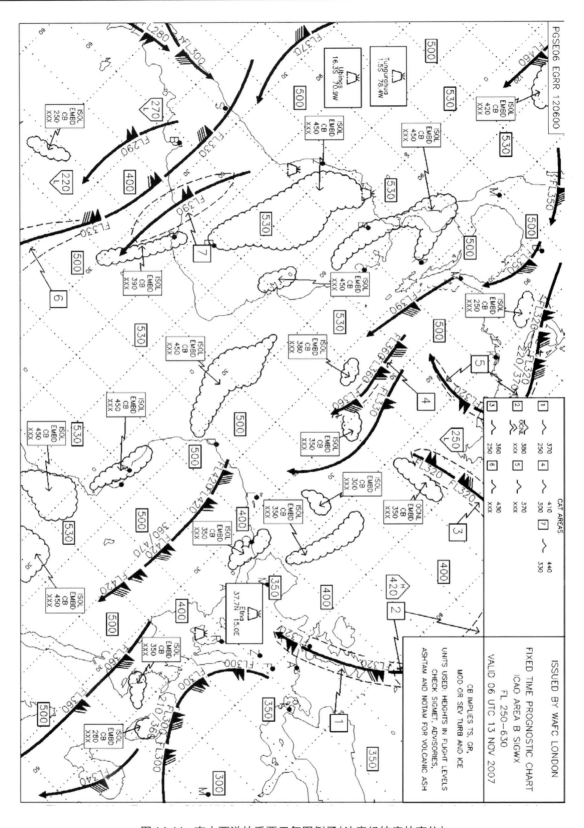

图 14-11　南大西洋的重要天气图例子（注意经纬度的定位）

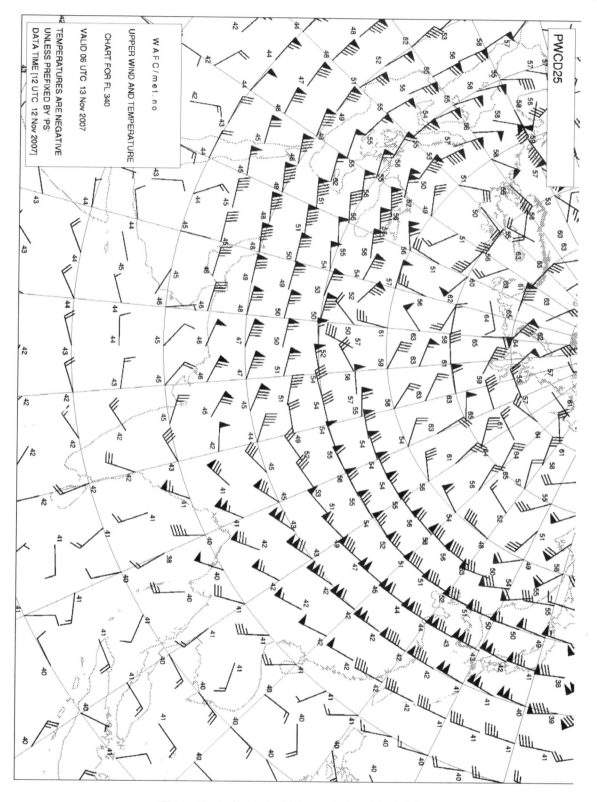

W A F C / m e t . n o

UPPER WIND AND TEMPERATURE

CHART FOR FL 340

VALID 06 UTC　13 Nov 2007

TEMPERATURES ARE NEGATIVE
UNLESS PREFIXED BY PS
DATA TIME (12 UTC　12 Nov 2007)

PWCD25

图14-12　远东的风温图例子(注意经纬度的定位)

第十五章
等时点、安全返航点

简介

在制订飞行计划时,飞行员必须知道紧急情况下需要采取的措施。这包括决定是否要:

➤ 返回起飞机场,或

➤ 继续飞往目的地,或

➤ 飞往备降机场

本章介绍如何计算等时点(临界点)和安全返航点(不能返航点)。

等时点

等时点(PET)是两机场之间的一点,从该点飞到这两个机场的时间相同。

在静风情况下,等时点位于两机场的中点。但由于静风的可能性不大,因此等时点一般不在两机场的中点。等时点的计算是基于飞机前往目的地和返回基地的地速比。用于计算的真空速取决于飞机的飞行状态:

➤ 全发,或

➤ 一发失效

等时点公式

等时点是建立在前往目的地的时间和返回起飞机场的时间相等的基础上。

为便于计算,做以下假设:

D 为两机场间的总距离

X 为从等时点返回起飞机场(A)的距离

$D-X$ 为到目的地机场(B)的距离

H 为返回的地速

O 为到B的地速

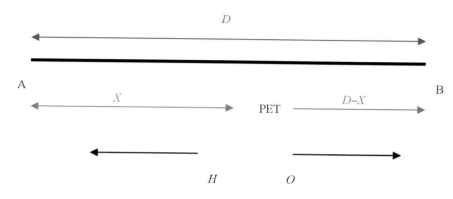

$$时间=距离÷地速$$

等时点为去目的地的时间与返回起飞机场的时间相等的点。

$$前往目的地的时间 \quad = \quad \frac{D-X}{O}$$

$$返回的时间 \quad = \quad \frac{X}{H}$$

$$\frac{X}{H} \quad = \quad \frac{D-X}{O}$$

$$X \quad = \quad \frac{DH}{O+H}$$

X定义为起飞机场到等时点的距离。

例子

假定点A和B相距600 NM，真空速为300 NM/h，计算以下三种情况下的等时点：

> 静风

> 50 NM/h 逆风

> 50 NM/h 顺风

在静风情况下，等时点肯定位于航路的中点为300 NM

在50 NM/h 逆风情况下

　　H=350 NM/h

　　O=250 NM/h

　　$X=\dfrac{600\times350}{250+350}=350$ NM

在50 NM/h 顺风情况下

　　H=250 NM/h

　　O=350 NM/h

　　$X=\dfrac{600\times250}{350+250}=250$ NM

可通过检查前往B或返回A的时间来检查计算是否正确。两种情况的时间都为1 h。

风使得等时点移向了风的来向。应记住该结论，并进行严重差错检查。

PET 例 1　　A—B　　　　1240 NM

　　　　　　真空速　　　340 NM/h

　　　　　　风分量　　　+20 NM/h 出航方向

PET 例 2　　A—B　　　　2700 NM

　　　　　　真空速　　　450 NM/h

　　　　　　风分量　　　+50 NM/h 出航方向

PET 例 3　　A—B　　　　1400 NM

　　　　　　真空速　　　270 NM/h

　　　　　　风分量　　　+40 NM/h 出航方向

PET 例 4　　A—B　　　　1120 NM

　　　　　　真空速　　　210 NM/h

　　　　　　风分量　　　−35 NM/h 出航方向

发动机失效时的等时点

对大多数喷气式飞机而言,丧失一个动力装置的动力将导致飘降,飞机将下降到一个其动力能够维持的压力高度。显然,此时需要对飞机继续飞行还是返回做出决策。

例子

使用例 2

　　　　　　A—B　　　　　2700 NM

　　　　　　真空速　　　　450 NM/h

　　　　　　风分量　　　　+50 NM/h 出航方向

　　　　　　等时点距 A　　1200 NM

　　　　　　时间　　　　　2 h 24 min

考虑到发动机失效时,真空速很可能会减小。

假定真空速为 360 NM/h,并使用与例 2 相同的数据。

$H=310$ NM/h

$O=410$ NM/h

$$X=\frac{2700\times310}{410+310}=1162 \text{ NM}$$

　　　　　　等时点距 A　　1162 NM

一发不工作时,风的影响将更大,与全发工作情况相比,等时点将更加远离中点。

飞机将以全发飞行直至一发失效。减小后的速度仅用于确定一发失效时的等时点,因此到等时点的时间应使用全发出航地速计算。

　　　　　　A—X　　　　　1162 NM

　　　　　　地速　　　　　500 NM/h

时间   2 h 15 min

PET 例 5   A—B   2254 NM

风分量   −25 NM/h 出航方向

四发真空速   475 NM/h

三发真空速   440 NM/h

计算从 A 到一发失效等时点的距离和时间。

PET 例 6   A—B   1260 NM

风   020°/35 NM/h

航线角   040°T

四发真空速   480 NM/h

三发真空速   435 NM/h

计算从 A 到一发失效等时点的距离和时间。

PET 例 7   A—B   1700 NM

风   240°/45 NM/h

航线角   030°T

四发真空速   480 NM/h

三发真空速   370 NM/h

计算从 A 到一发失效等时点的距离和时间。

PET 选择题

PET 选择题 1   已知下列数据：

航线角 355°T

风 340°T/30 NM/h

真空速 140 NM/h

A 到 B 的距离 350 NM

从 A 到等时点的时间和距离分别是多少？

a.   75 min   211 NM

b.   75 min   140 NM

c.   50 min   140 NM

d.   114 min   211 NM

PET 选择题 2   已知下列数据：

航线角 030°T

风 120°T/35 NM/h

真空速 125 NM/h

起飞机场和目的地机场之间的距离 270 NM

从起飞机场到等时点的距离和时间分别是多少?

    a.   141 NM   65 min

    b.   141 NM   68 min

    c.   135 NM   68 min

    d.   150 NM   65 min

PET选择题3 已知下列数据,回答问题。

巡航高度 9000 ft,温度 ISA−10 ℃,校正空速(CAS)190 NM/h

真航迹角 350°

风 320°T/40 NM/h

起飞机场到目的地机场的距离 350 NM

实际起飞时间 1105 UTC

续航时间 3 h

从起飞机场到等时点的距离和估计到达时间分别是多少?

    a.   203 NM   1214 UTC

    b.   170 NM   1233 UTC

    c.   211 NM   1221 UTC

    d.   330 NM   1203 UTC

安全返航点

    该点也被称为不能返航点(PNR)。安全返航点(PSR)是指飞机在其安全续航时间内能飞到并返回基地的离起飞机场最远的那一点。应在安全返航点前检查目的地机场状况,如果状况不适于着陆,则可以返回基地。一旦已经飞过了安全返航点,则只能飞往目的地机场。

不要混淆术语"总续航时间"和"安全续航时间"。

总续航时间   是指一架飞机直至油箱为空的留空时间。

安全续航时间   是指飞机不使用规定的备份燃油时能够飞行的时间。

起飞机场到安全返航点的距离等于从安全返航点返回起飞机场的距离。

设:

E 安全续航时间

T 到安全返航点的时间

$E-T$ 返回起飞机场的时间

O 飞往安全返航点的地速

H 返回起飞机场的地速

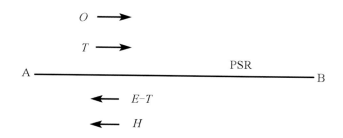

到安全返航点的距离	$T \times O$
返回起飞机场的距离	$(E-T) \times H$

$$(E-T) \times H = T \times O$$

$$T = \frac{EH}{O+H}$$

单航段安全返航点

已知下列数据,计算到安全返航点的时间和距离。

真空速	220 NM/h
风分量	+45 NM/h
安全续航时间	6 h

$$T = \frac{360 \times 175}{175 + 265} = 143 \text{ min}$$

$$T \times O = 632 \text{ NM}$$

PSR 例 1　　已知下列数据,计算安全返航点。

A—B	800 NM
真空速	175 NM/h
出航风分量	−15 NM/h
安全续航时间	5 h

PSR 例 2　　已知下列数据,计算安全返航点。

不包括备份燃油的可用燃油	21240 lb
小时燃油消耗量	3730 lb/h
出航真空速	275 NM/h
返航真空速	285 NM/h
出航风分量	−35 NM/h

PSR 例 3　　已知下列数据,计算安全返航点。

A—B	2200 NM
真空速	455 NM/h

出航风分量	−15 NM/h
安全续航时间	6.5 h

燃油流量可变时的安全返航点

前面已给出了用时间表示的安全返航点。在下面的公式里,安全返航点基于总油量和海里耗油量来计算。

设:

D	到安全返航点的距离
F	用于确定安全返航点的可用燃油
CO	飞往安全返航点的海里耗油量(kg/NM)保留两位小数
CH	从安全返航点返回的海里耗油量(kg/NM)保留两位小数

到安全返航点所消耗的燃油加上从安全返航点返回所消耗的燃油必须等于可用燃油(扣除备份燃油)。

$$(D \times CO) + (D \times CH) = F$$
$$D = F \div (CO + CH)$$

例子

已知下列数据,计算到安全返航点的时间。

真空速	310 kt
风分量	+30 kt
可用燃油	39500 kg
出航燃油流量	6250 kg/h
返航燃油流量	5300 kg/h

步骤1　计算出航地速和返航地速

　　　　出航地速 340 kt

　　　　返航地速 280 kt

步骤2　计算出航和返航的海里耗油量

　　　　CO=6250 ÷ 340=18.38 kg/NM

　　　　CH=5300 ÷ 280=18.93 kg/NM

步骤3　计算到安全返航点的时间

　　　　距离 = 39500 ÷ (18.38+18.93) = 1059 NM

　　　　时间 = 187 min

PSR 例4　已知下列数据,计算到安全返航点的距离和时间。

出航真空速	474 NM/h
出航风分量	−50 NM/h
出航燃油流量	11500 lb/h

返航真空速	466 NM/h
返航风分量	+70 NM/h
返航燃油流量	10300 lb/h
飞行计划燃油	82000 lb
备份燃油	12000 lb

PSR 例 5　　已知下面数据，计算到安全返航点的距离和时间。

航段距离	1190 NM
出航真空速	210 NM/h
出航风分量	−30 NM/h
出航燃油流量	2400 kg/h
返航真空速	210 NM/h
返航风分量	+30 NM/h
返航燃油流量	2000 kg/h
飞行计划燃油	20500 kg
备份燃油	6000 kg

PSR 选择题

PSR 选择题 1　　已知下列数据：

起飞机场到目的地机场距离　500 NM

安全续航时间　4 h

出航地速　150 NM/h

返航地速　130 NM/h

起飞机场到安全返航点的距离和时间分别是多少?

a. 232 NM	107 min
b. 221 NM	89 min
c. 139 NM	60 min
d. 279 NM	111 min

PSR 选择题 2　　已知下列数据：

安全续航时间　5 h

真航迹角　315°

风　100°T/20 NM/h

真空速　115 NM/h

起飞机场到安全返航点的距离是多少?

a. 205 NM

b. 100 NM

c. 282 NM

d. 141 NM

PSR 选择题 3   已知下列数据：

巡航高度　9000 ft, 温度　ISA−10 ℃, 校正空速（CAS）　190 NM/h

真航迹角　350°

风　320°T/40 NM/h

起飞机场到目的地机场的距离　350 NM

实际起飞时间　1105 UTC

续航时间　3 h

从起飞机场到安全返航点的时间和距离分别是多少?

a. 1 h 45 min   311 NM

b. 1 h 09 min   204 NM

c. 1 h 15 min   311 NM

d. 1 h 46 min   273 NM

PSR 选择题 4   已知下列数据：

安全续航时间　9.5 h

真航迹角　360°

风　360°T/50 NM/h

真空速　480 NM/h

起飞机场到安全返航点的距离是多少?

a. 2255 NM

b. 1128 NM

c. 2070 NM

d. 1495 NM

PSR 选择题 5   已知下列数据：

最大可用燃油 15000 kg

最少备份燃油 3500 kg

出航真空速　425 NM/h, 逆风 30 NM/h, 燃油流量 2150 kg/h

返航真空速　430 NM/h, 顺风 20 NM/h, 燃油流量 2150 kg/h

确定到安全返航点的距离。

a. 1491 NM

b. 1125 NM

c. 1143 NM

d. 1463 NM

PSR 选择题 6　已知下列数据：

计划从 L 飞到 M, 距离　850 NM

可用燃油　6000 kg

真空速　450 kt

出航风分量　35 NM/h 顺风

出航燃油流量　2500 kg/h

返航燃油流量　1900 kg/h

从 L 到安全返航点的时间和距离分别是多少？

a. 1 h 30 min　　　　　660 NM

b. 1 h 30 min　　　　　616 NM

c. 1 h 16 min　　　　　606 NM

d. 1 h 16 min　　　　　616 NM

PSR 选择题 7　已知下列数据：

最大可用燃油　15000 kg

最少备份燃油　3500 kg

出航真空速　420 NM/h 风分量　−30 NM/h

返航真空速　430 NM/h 风分量　+20 NM/h

平均燃油流量　2150 kg/h

起飞机场到安全返航点的时间是多少？

a. 2 h 06 min

b. 1 h 26 min

c. 3 h 33 min

d. 2 h 52 min

PSR 选择题 8　已知下列数据：

真空速　440 NM/h

出航风分量　45 NM/h 逆风

燃油流量　2150 kg/h

总油量　15000 kg

所需备份燃油　1500 kg

起飞机场到安全返航点的距离是多少？

    a. 1520 NM

    b. 1368 NM

    c. 1702 NM

    d. 1250 NM

PET & PSR 答案

PET 例1	A 到 PET 的距离	584 NM
	时间	1 h 37 min
PET 例2	A 到 PET 的距离	1200 NM
	时间	2 h 24 min
PET 例3	A 到 PET 的距离	596 NM
	时间	1 h 55 min
PET 例4	A 到 PET 的距离	653 NM
	时间	3 h 44 min
PET 例5	A 到 PET 的距离	1191 NM
	时间	2 h 39 min
PET 例6	A 到 PET 的距离	679 NM
	时间	1 h 32 min
PET 例7	A 到 PET 的距离	760 NM
	时间	1 h 28 min

PET 选择题1   d.

从 CRP5 读出出航地速 109 NM/h，返航地速 169 NM/h

$$\frac{350 \times 169}{109 + 169} = 212 \text{ NM} , \quad \frac{212}{109} = 116 \text{ min}$$

PET 选择题2   c.

从 CRP5 读出出航地速 120 NM/h，返航地速 120 NM/h

$$\frac{270 \times 120}{120 + 120} = 135 \text{ NM} , \quad \frac{135}{120} = 68 \text{ min}$$

PET 选择题3   a.

须将校正空速换算成真空速。

OAT 为 −13 ℃时，真空速为 214 NM/h

从 CRP5 读出出航地速 178 NM/h，返航地速 249 NM/h

$$\frac{350 \times 249}{178 + 249} = 204 \text{ NM} , \quad \frac{204}{178} = 68 \text{ min}$$

实际起飞时间 11:05
$$+ \quad 1:09$$
计划到达时间 12:14

PSR 例1	A 到 PSR 的时间	163 min
	距离	435 NM

PSR 例2	A 到 PSR 的时间	195 min
	距离	781 NM
PSR 例3	A 到 PSR 的时间	201 min
	距离	1477 NM
PSR 例4	A 到 PSR 的距离	1510 NM
	时间	213 min
PSR 例5	A 到 PSR 的距离	669 NM
	时间	223 min

PSR 选择题1　d.

$$\frac{4\,h \times 130}{150+130}=1.85\,h=111\,min\,，1.85 \times 150=278\,NM$$

PSR 选择题2　c.

从 CRP5 读出出航地速 131 NM/h，返航地速 98 NM/h

$$\frac{5\,h \times 98}{131+98}=2.13\,min\,，2.13 \times 131=280\,NM$$

PSR 选择题3　a.

须将校正空速换算成真空速。

OAT 为−13 ℃时，真空速为 214 NM/h

从 CRP5 读出出航地速 178 NM/h，返航地速 249 NM/h

$$\frac{3\,h \times 249}{178+249}=1.75\,h=1\,h\,45\,min\,，1.75 \times 178=311\,NM$$

PSR 选择题4　a.

$$\frac{9.5\,h \times 530}{430+530}=5.24\,h\,，5.24 \times 430=2255\,NM$$

PSR 选择题5　b.

$$CO=\frac{2150}{395}=5.44\,kg/NM\,，CH=\frac{2150}{450}=4.78\,kg/NM$$

$$\frac{15000-3500}{5.44+4.78}=1125\,NM$$

PSR 选择题6　d.

$$CO=\frac{2500}{485}=5.15\,kg/NM\,，CH=\frac{1900}{415}=4.58\,kg/NM$$

$$\frac{6000}{5.15+4.85}=617\,NM\,，\frac{617}{485}=1\,h\,16\,min$$

PSR 选择题7　d.

$$CO=\frac{2150}{390}=5.51\,kg/NM\,，CH=\frac{2150}{450}=4.78\,kg/NM$$

$$\frac{15000-3500}{5.51+4.78}=1117\,NM\,，\frac{1117}{390}=2\,h\,52\,min$$

PSR 选择题8　b.

$$CO=\frac{2150}{395}=5.44\,kg/NM\,，CH=\frac{2150}{485}=4.43\,kg/NM$$

$$\frac{15000-1500}{5.44+4.43}=1368\,NM$$

第十六章

IFR飞行和燃油计划练习

IFR飞行和燃油计划练习

现在你已经完成了飞行计划课程,用你学到的所有知识和技能完成一个实际的IFR飞行练习,这对掌握飞行计划很有帮助。完成这个练习需要用到《杰普逊学生手册》和CAP 697。

研究下面的详细信息并完成后面两页的领航和燃油计划。

预计的目标时间为60分钟

一架中程喷气式运输机预计从London Heathrow（EGLL）飞往Munich（EDDM），备降场为Salzburg（LOWS）。

起飞详细信息	滑行燃油200 kg
	使用跑道27R
	使用London 10−3E
	按从DVR 4F到Dover/DVR计算距离
	使用CAP 697图4.5.1
	ISA+10 ℃
	松刹车重量为60000 kg
	爬升至FL 290（level at DVR）
	按照从EGLL到DVR计算时间和燃油
航路详细信息	DVR UG1 NTM UB6 TGO
	使用图E（HI）4（生效日期1990年5月3日）
	时间精确到半分钟
	在FL 290的燃油流量为2500 kg/h
	不考虑阶梯爬升对燃油流量的影响
	从KOK到UIR EDDU的燃油流量为2300 kg/h
	从UIR EDDU到ALLEN的燃油流量为2200 kg/h
	计算每段的燃油,精确到个位数
到达详细信息	从西面经Tango/TGO进场

使用 Munich 10–2B
　　　按照从 AALEN 1T 到 Moosburg/MBG 计算距离
使用 CAP 697 图 4.5.4a
　　　从 FL 330 下降到 5000 ft（假定 QNH 1013）
　　　按照从 AALEN（TOD）到 MBG 计算时间和距离
预计 ILS 进近至跑道 26R　Munich 11–4
预计从 MBG 开始进近的燃油为 100 kg，时间 10 min

计算航程燃油

应急燃油　　从 EGLL 到 EDDM 航程燃油的 5%

改航信息　　从 Munich EDDM 到 Salzburg LOWS

距离	62 NM
磁航向	124°
TAS	300 kt
W/V（M）	260°/30 kt
FL 130	
燃油流量	2800 kg/h

最终储备油　　使用 CAP 697 MRJT 图 4.4

假定着陆重量为 56000 kg，等待高度为 5000 ft ISA。根据 JAR-OPS 的时间要求计算最终储备油

额外油　　零

根据上述容差完成领航和燃油计划。

每个人得到的答案可能会不同，但轮挡燃油和书中准确答案的误差应该在100 kg以内。

IFR 领航和燃油计划

POSITION	FL	DIST	COURSE (M)	TAS	W/V (M)	HDG (M)	GS	TIME	FUEL REQD
EGLL	CLM								
DVR 4F	CLM								
DVR (TOC)	CLM								
KONAN	FL290			440	300/50				
KOK	FL290			440	300/50				
REMBA	FL330			430	320/70				
NUVIL	FL330			430	320/70				
SPI	FL330			430	320/70				
LARED	FL330			430	320/70				
UIR EDDU	FL330			420	320/70				
NTM	FL330			420	280/40				
KRH	FL330			420	280/40				
TGO	FL330			420	280/40				
AALEN (TOD)	FL330			420	280/40				
AALEN 1T	DSC								
MBG	DSC								
EDDM	DSC	26	ATC						
TRIP TOTALS									
CONTINGENCY 5%									
ALTERNATE LOWS									
FINAL RESERVE									
EXTRA FUEL									
TAXI FUEL									
BLOCK FUEL									

IFR 领航和燃油计划答案

POSITION	FL	DIST	COURSE (M)	TAS	W/V (M)	HDG (M)	GS	TIME	FUEL REQD
EGLL	CLM								
DVR 4F	CLM								
DVR (TOC)	CLM	80						15	1400
KONAN	FL290	24	098	440	300/50	096	483	3	125
KOK	FL290	25	099	440	300/50	097	483	3	125
REMBA	FL330	90	110	430	320/70	105	490	11	422
NUVIL	FL330	24	110	430	320/70	105	490	3	115
SPI	FL330	4	110	430	320/70	105	490	0.5	19
LARED	FL330	9	132	430	320/70	131	500	1	38
UIR EDDU	FL330	19	132	420	320/70	131	490	2.5	96
NTM	FL330	18	133	420	280/40	136	450	2.5	92
KRH	FL330	101	129	420	280/40	132	452	13.5	495
TGO	FL330	35	131	420	280/40	134	452	4.5	165
AALEN (TOD)	FL330	34	092	420	280/40	092	460	4.5	165
AALEN 1T	DSC								
MBG	DSC	90						15	145
EDDM	DSC	26	ATC					10	100
TRIP TOTALS		579						89	3502
CONTINGENCY 5%									175
ALTERNATE LOWS	FL130	62	124	300	260/30	128	323	11.5	537
FINAL RESERVE									1270
EXTRA FUEL									0
TAXI FUEL									200
BLOCK FUEL									5684

后记

作为国民经济和社会发展的重要行业,我国民航业伴随着整个国民经济的发展而不断壮大。目前我国已拥有全世界最先进的民航飞机,机队规模也稳居世界前列,为适应民航业的高速发展,对飞行员培养的要求进一步提高。

飞行员作为民航运输业重要的从业人员之一,对其培养更要专业化、系统化,以实现民航运输业的安全与高效。为此,中国民航飞行员协会特组织民航业有关学者、专家编译了本套航线运输飞行员理论培训教材。

在本套教材的准备阶段,要特别感谢杰普逊(Jeppesen)公司对中国民航飞行员协会的支持。杰普逊公司以其80多年来为全球飞行人员提供理论培训的经验,为全球航空飞行的安全性和高效性等做出了积极贡献。为了支持中国民航业的发展,杰普逊公司更是将本套航线运输飞行员理论培训教材的版权通过民航总局飞行标准司无偿赠予中国民航飞行员协会,并主动放弃版权页的署名权,以便相关专家、学者在编译过程中将内容本土化,使本套教材更加适合中国飞行学员的实际理论学习。

同时,还要特别感谢中国民用航空局飞行标准司、中国民用航空飞行学院、中国东方航空股份有限公司飞行安全技术应用研究院、大连海事大学出版社,以及相关民航单位与个人在编译、编审、出版等方面的大力支持,使得本套教材得以顺利出版。

航线运输飞行员理论培训教材,包括《航空气象》《通用导航》《无线电导航》《飞机结构与系统》《动力装置》《航空电气》《航空仪表》《飞行原理》《飞机性能》《飞机重量与平衡》《飞行计划》《航空法规》《人的因素》《运行程序》《通信》,共15本教材。编译过程中紧密围绕飞行员航线执照理论考试大纲,力求概念清楚、理论正确、重点突出、条理清晰、知识点全面,并注重理论和实践相结合,涵盖了飞行的基本原理、飞机结构、运行程序及人的因素等各方面,图文并茂,疏朗的文字结构非常符合飞行员的阅读和思考习惯。

希望本套教材可以优化飞行员培养,夯实飞行员专业基础知识,从源头上提高人才培养的质量效益。

同时也欢迎同行及各界人士对本套教材提出宝贵意见,帮助本套教材与时俱进,实现飞行员理论基础培养的可持续发展。

2017年6月